베이징 스모겟돈

베이징 스모겟돈

초판 1쇄 발행 2016년 5월 25일
초판 2쇄 발행 2017년 2월 25일

지은이 김성일
펴낸곳 서울대학교출판문화원
펴낸이 성낙인

책임편집 김미진
디자인 장혜원

출판등록 제15-3호

주소 (08826) 서울 관악구 관악로 1
대표전화 02-880-5252 | 팩스 02-888-4148
출판관리팀(주문상담) 02-889-4424, 02-880-7995
이메일 snubook@snu.ac.kr
홈페이지 www.snupress.com

ISBN 978-89-521-1847-9 93520

베이징 스모겟돈

김성일 지음

서울대학교출판문화원

머리말

1

부산 동아대 황영현 교수는 나의 제자이다. 그는 지난 수년 간 코이카KOICA의 지원으로 베이징 시 산림환경교육센터 설립을 도와주고 있었다. 그러던 중에 베이징 시로부터 산림휴양에 대한 강의를 요청 받았는데, 나에게 그 강연을 해달라고 부탁했다. 나는 가고 싶지 않아 두 번 세 번 거절했지만, 그의 끈질긴 요청에 결국 수락하고 말았다. 그래서 2014년 10월 중국을 방문했다. 중국 전역에서 온 300여 명의 산림공무원과 50여 명의 외국인이 참석한 자리에서 나는 한국의 조림성공과 현재 우리의 산림휴양 산업 및 산림복지의 정책 방향을 발표했다. 제자의 부탁으로 간 것이기에 별 부담없이 강연을 마쳤는데 반응이 예상 밖이었다.

발표 후 베이징 임업대학의 송웨이밍 총장과 만난 자리에서 송 총장은 "베이징의 큰 관심분야가 산림이니 앞으로 지속적으로 관계를 유지하자"고 말했다. 뜻밖이었지만 한국의 산림에 관심이 있다 하니 흔쾌히 응했다. 그때까지만 해도 나는 그들이 왜 한국의 산림휴양정책에 관심을 갖는지 정확히는 이해하지 못했다. 그런데 나중에 생각을 해보니 한국이 산림휴양을 시작한 때가 1988년, 우리나라

1인당 명목 GDP는 3,738달러로 당시 미국의 17퍼센트 수준이었다. 2014년 베이징의 1인당 명목 GDP는 16,139달러로 (중국 평균은 7,590달러) 같은 시기 미국의 30퍼센트에 이른다. 소득 수준에서 볼 때 우리에 비하면 너무 늦은 시기에 산림휴양이 사회적인 유행을 타게 된 것이다. 공해와 혼잡에 찌든 중산층이 모여 사는 베이징 사람들이 건강한 생태환경에 대해 부쩍 높은 관심을 보이는 것은 당연하다는 생각이 들었다. 확인차 베이징 도심에서 약 한 시간 거리에 있는 도시숲공원에 나가보았다. 평일이라 한적할 것이라는 나의 기대와는 달리 사람들로 북적거렸다. 나는 산림휴양분야에 중국의 수요가 본격적으로 시작됐다는 확신이 들었다.

사실 중국이 산림휴양에 대해 배우려면 한국만큼 좋은 상대도 없다. 일본은 불편하고 미국은 껄끄럽다. 그에 반해 한국은 문화적 공통점도 많은 데다가 산림에 관해서는 일본, 미국 못지않은 경험이 있으니 한국에서 온 내가 반가울 법도 했다. 이듬해부터 나의 중국방문이 잦아졌다. 3월에는 베이징 임업대학에서 초청강의를 했고, 7월에는 국제환경포럼Eco Forum Global에서, 10월에는 베이징 시와 세계자연보전연맹IUCN 공동 주최 생태복원 심포지엄에 초청강사로 초빙되어 우리의 경험을 나눴다. 그 사이 베이징 시 임업공무원 한 명이 서울대학교로 날아와 박사과정을 지원했으며, 그 외에 많은 이들이 한국의 경험을 배우기를 원했다.

2

송웨이밍 총장을 처음 만났을 때만 해도 베이징 임업대학에 큰 관심도 없었고, 자세히 알지도 못했다. 그러나 베이징 임업대학이 중국 내에서 가지는 위상을 알고 깜짝 놀랐다. 중국에는 주요한 산업분야별로 대학이 있다. 지질대학, 관광대학, 석유대학, 교통대학, 농업대학, 임업대학 등인데, 향후 그 대학의 졸업생들이 중국의 산업을 이끄는 지도자로 성장한다. 그런 인재들을 키워내는 대학들이 중국 전역에 있는데 학생 수만 2, 3만 명씩 된다. 임업대학도 전국에 5개나 있다. 그중 베이징 임업대학은 중국 내 조경과 임업분야의 명문으로, 베이징 시내 대학구역 안에 베이징대, 칭화대, 인민대와 나란히 자리 잡고 있다. 베이징 임업대학은 서울대 농업생명과학대학에서 학과, 전공으로 되어 있는 웬만한 분야들이 자연보전대학, 조경대학, 임학대학 등 단과대학으로 되어 있다. 이 대학 송웨이밍 총장은 서울대에서 경영학 학위MBA를 받았고 76학번으로 나와 동갑내기라 나를 동문이라고 친구처럼 반겨주고 환대했다.

그를 알아갈수록 나는 중국 산림분야에 미치는 그의 영향력에 놀라게 되었고, 중국의 산림과 환경, 생태를 진심으로 걱정하며 미래를 위해 한국의 산림정책을 배우고자 하는 그의 겸손과 열의에 더 감탄하게 되었다. 송웨이밍 총장은 베이징 임업대학과 서울대가 본격적으로 관계를 맺고 교류하기를 원했고, 나는 그의 일환으로 인적 교류를 제안했다.

나는 제자 중 장래가 촉망되는 학생 2명을 베이징 임업대학에 박사과정생으로 추천했고, 송 총장은 전액장학금과 어학연수 비용까지 지원하는 조건으로 받아들여주겠다고 했다. 이를 위해 나는 서울대에 어렵게 부탁을 해서 장학금을 받아 학생들에게 한 달간의 현

지적응 기회를 주었다. 마침 2015년 12월 한 달간 베이징에서 임학회가 열려 여러 모로 좋은 기회였다.

그런데 그곳에 간 학생들에게서 통 소식이 오지 않았다. 나는 당시 미국에 있었는데 감감무소식인 것이었다. 무슨 일이라도 있나 싶어 걱정을 하고 있던 차에 한 학생에게서 연락이 왔다. 그런데 뜻밖의 말이 흘러나왔다.

교수님, 베이징 유학 생각해봐야 할 것 같습니다.

이유는 악명 높은 베이징의 스모그 때문이었다. 하필이면 제자들이 베이징으로 간 2015년 12월엔 중국 역사상 최악의 스모그로 하루가 멀다 하고 베이징에 대기오염 경보가 뜨던 시기였다. 무려 1급 적색 경보가 두 번이나 발령됐으며, 해제되기가 무섭게 다시 2급 주황색 경보가 시작됐다. 12월 내내 베이징의 공기는 그야말로 독가스나 다름없었다. 한 학생은 베이징에 가자마자 머리가 아프고 기침이 멈추지 않아서 한 달 내내 거의 호텔방에만 있었다고 한다. 말로만 듣던 베이징의 스모그에 놀란 두 제자는 결국 서울로 돌아온 뒤 유학을 포기했다. 나는 송 총장에게 미안하기도 했고 혹시라도 제자들이 마음을 돌이킬까 하여 겨울 내내 기다렸지만 소용없었다. 하는 수 없이 나는 송 총장에게 편지를 보내 양해를 구했다.

나 역시도 작년 여름에 베이징에 가서 한 달간 중국어를 공부하려고 했지만 가자마자 몸에 이상이 생겨서 열흘 만에 돌아오고 말았다. 올해도 강연차 베이징을 가야 하는데 기다리는 친구들을 생각하면 즐겁지만 마음 한 켠에 불안감이 있는 것은 사실이다.

3

나는 지난 겨울 사상 최악의 환경재앙을 맞은 중국에 분명 무슨 변화가 있을 것이라고 생각했다. 이 난관을 돌파할 어떤 방법을 찾아내기를 간절히 기다렸다. 하지만 겨울 내내 국내외 언론 어디에서도 속시원한 소식을 들을 수 없었다. 그렇다면 뻔했다. 아마 이번에도 중국 정부는 초강력 대응방안을 내놓았을 것이다. 그러나 여느 때와 마찬가지로 그 법안들이 실행에 옮겨지지 못한 채 잊힐 것이라는 것을 나나 국내외 환경 전문가들은 너무 잘 알고 있었기 때문에 누구도 그에 대해 언급조차 하지 않았던 것이 분명하다.

중국의 반복되는 규제책과 정치적 제스처에 국제사회는 더 이상 주목하지 않는다. 중국의 환경문제는 규제의 문제가 아니라 거버넌스의 문제이기 때문이다. 환경문제 해결을 위해 공장 문을 닫고 일자리가 없어지는 걸 감수하면서 정부의 규제책을 적극적으로 따를 지방정부와 기업은 없다. 지난 20년간 경제성장의 고속도로를 달려온 이들이 환경보호를 위해 이 신나는 질주를 멈추는 것은 결코 쉽지 않다. 그러므로 아무리 강력한 규제책을 내놓아도 실행이 되지 않는 것이다.

중국인들도 2015년 발생한 톈진 항 폭발 사고가 전형적인 인재人災이며 거버넌스의 문제라는 것을 안다. 생산량을 무리하게 높이기 위해서 환경과 안전을 중시하지 않는 시스템이 지속되는 한 제2, 제3의 톈진 사건이 계속될 것이다. 2008년 베이징 올림픽, 2014년

APEC 정상회의, 2015년 전승절 70주년 등 큰 국가 행사가 있을 때마다 중국 정부는 베이징 블루를 만들어냈다. 그러나 행사가 끝나면 베이징 블루는 사라지고 이내 잿빛 하늘과 함께 베이징 스모겟돈이 시작된다. 이 악순환을 끝낼 방법은 없는 것일까.

현재 세계자연보전연맹 총재는 중국인 장신성章新勝이다. 그는 하버드 대학에서 디자인과 경영학을 공부하고 쑤저우蘇州 시장, 교육부 차관, 중국관광청 부청장 등을 지낸 뒤 2012년 중국의 적극적 지원으로 세계자연보전연맹의 총재가 되었다. 그는 중국에서 환경분야 업적으로 승진한 몇 안 되는 인물이다. 그런데 그가 재선에 도전하겠다며 내게 도와달라고 한다. 이유는 중국의 환경문제를 해결하기 위해서라고 한다. 그 말에 나를 비롯한 많은 사람들이 솔깃해하고 있다. 중국의 환경문제는 곧 세계의 환경문제이니 말이다.

환경문제의 핵심은 타이밍과 지속적 관리에 있다. 여기엔 정부의 의지가 매우 중요하다. 그렇다고 해서 정부만 나서서 한다고 되는 일이 아니다. 전문가들을 포함한, 지속적인 통제력을 발휘할 수 있는 거버넌스 시스템이 필요하다. 그러므로 어떤 면에서는 중국 체제의 체질 변화를 요구하는 일이기도 하다. 어쩌면 현대사에서 가장 힘든 위기일지도 모르는 환경재앙, 그 앞에서 당황해하는 중국인 친구들에게 이 책을 통해 내가 해주고 싶은 말은 한마디다.

'지금이다! 미루지 말고 지금 곧 시작하라.'

4

마지막으로, 이 책을 쓰면서 감사드리고 싶은 분들이 한두 분이 아니다. 우선 부족한 원고의 출간을 결정해주신 서울대학교출판문화원에 감사드린다. 엄청난 양의 자료를 검색하고 정리해준 이진주 양은 이 책의 가장 큰 조력자이다. 또, 영문기사와 보고서를 번역하고 정리해준 김동환 군, 정윤정 양에게도 고마운 마음을 전한다. 마지막으로 충격적인 중국 환경 다큐멘터리 〈돔 지붕 아래서〉를 완역해 준 이예일 양에게 감사드린다. 많은 분들의 도움으로 완성된 책이지만 내용의 오류나 실수는 전적으로 저자의 책임임은 당연하다.

2016년 5월

김성일

추천사

나는 어렸을 때부터 베이징을 좋아했다. 항구 도시 상하이가 마치 중국이라는 대군대의 맨 앞에서 달리는 첨병처럼 눈부시게 변해가고 있었던 데 반해, 베이징은 전 군대를 이끌고 장중하게 전진하는 장수와 같은 모습으로 성장하고 있었다. 그 베이징의 푸른 하늘은 소박하면서도 자긍심 강한 중국인의 눈이자 마음의 거울이었다.

그랬던 베이징의 하늘이 마치 녹내장이 낀 노인의 눈처럼 침침해지기 시작한 것은 1990년대 초 무렵부터였다. 하지만 당시 베이징은 성공적인 시장경제 정착과 혁신적인 문호개방으로 21세기 국제사회의 중심으로 부상하고 있던 즈음이었다. 거의 100년 만에 기적적으로 시작된 중국의 부활, 그 짜릿한 비상 앞에서 우리는 미처 환경오염의 심각성을 읽어내지 못했다.

20년이 지난 지금, 환경오염은 선진 중국을 향해 가는 중국을 위협하는 가장 두려운 재앙으로 변했다. 그뿐 아니라 유감스럽게도 한국을 비롯한 인접국과 지구촌의 많은 나라를 불안하게 만들고 있다. 시진핑 국가주석을 비롯한 중국의 중앙정부가 '환경오염과의 전쟁'을 선포하며 막대한 예산을 들여 오염물질 배출을 줄이고, 대기와 토양과 수질의 오염을 막기 위해 수많은 조치들이 행해졌지만,

아직 중국의 환경오염은 악화일로다.

지칠 대로 지친 우리에게 '중단하지 말라'고 격려하며 다양한 경험을 들려준 친구가 바로 김성일 교수다. 그는 나를 비롯한 중국의 임업 전문가, 그리고 환경 전문가들에게 한국의 다양한 성공사례를 통해 '경제성장과 환경보호는 정반대로 팽팽하게 달려가는 반대의 개념이 아니며, 진정한 성장과 미래를 향해 뻗어가는 쌍두마차' 임을 확신하게 해주었다. 뿐만 아니라 지혜롭게 환경문제를 해결해 가는 것이야말로 진정한 '용의 부활'을 완성시켜줄 시대의 도전임을 인식시켜 주었다.

김성일 교수는 이 책을 통해 중국 환경문제의 심각성과 이를 해결하기 위한 중국의 치열한 노력을 짚어내는 동시에, 중국이 배우고 도전해볼 만한 가치 있는 대안들을 제시하고 있으며, 이는 중국의 환경 전문가들도 미처 해내지 못한 성과이다. 중국의 환경오염을 걱정하고 해결해야 할 당사자의 한 사람으로서 매우 감사하게 생각하며, 세계적인 환경 전문가인 그의 탁월한 식견과 통찰력, 그리고 풍부한 경험과 우정에서 우러나온 그의 조언이 우리에게 큰 도움이 될 것이라 기대해 마지않는다. 동시에 이 책을 통하여 이웃 나라 중국의 환경오염에 많은 한국인들이 관심을 갖고 소중한 경험을 나누어주기를 바란다.

베이징 임업대학 총장 송웨이밍

차례

머리말 5
추천사 12

프롤로그 16

Part 1 | 대기오염, 대륙을 위협하다

2013년 겨울, 베이징 스모겟돈의 시작 22
살인 스모그를 고발하다, 환경 다큐멘터리 〈돔 지붕 아래서〉 29
소리 없는 살인자, PM2.5 37
죽음의 만리장성, 베이징 석탄 벨트와 그 희생자들 42
살인 스모그, 대륙을 살찌운 주력 산업이 범인이었다 45
살인 스모그를 불러온 제2의 주범, 정치 54
주저하는 중국 정부, 동요하는 대륙 60

Part 2 | 베이징 스모겟돈과의 사투

에어포칼립스, 베이징 시민의 하루 72
더 많은 식량보다 '안전하게 숨쉴 수 있는 공기'를 77
허베이 성 첫 환경오염 피해보상 소송의 의미 80
생존을 위한 베이징 탈출, '폐 세척 관광' 85
성난 시민들을 흔든 소문, 베이징 천도론이 의미하는 것 87
아무도 믿지 않는 베이징 시의 대기오염지수 발표 91
베이징 스모그, 한국과 일본을 질식시키고 있다 98

Part 3 슈퍼 스모그와의 결별을 위하여

녹색 GDP 프로젝트의 실패 104
17차 공산당대회 선언, '생태문명시대 건설' 109
변화의 첫걸음, 환경 데이터를 공개하다 114
5년 안에 1억 6,000만 톤 석탄 소비 줄인다 119

Part 4 국제협력과 가능성

국경을 초월한 문제는 국경을 초월한 협력으로 126
역사적 전환점, 중미 기후변화협약 130
중국의 환경적 위기를 기회로 보는 이들 136
친환경 베이징으로 가는 길, 재생 에너지와 탄소전쟁 140

Part 5 에코차이나를 위한 제언

베이징 스모겟돈 탈출을 위한 세 가지 조건 148
에코차이나, 성공의 키는 거버넌스에 있다 155
독일 루르 지역 엠셔 공원 프로젝트와 거버넌스 159
거버넌스의 롤모델, 엠셔 공원 프로젝트의 성공요인 163
한국의 환경 거버넌스 모델 1:
서울 그린트러스트를 통해서 본 시민참여와 거버넌스 168
한국의 환경 거버넌스 모델 2:
울산 태화강 살리기와 정부의 역할 177

에필로그 183

2015년 성탄절, 중국 베이징 국제공항에서 수백 대의 비행기가 이착륙 연기 또는 취소되는 전대미문의 대형사고가 벌어졌다. 당시 중국 관영통신인 『차이나 데일리』China Daily는 베이징 공항에 이착륙할 예정이었던 500편의 비행기 중에 200편 이상이 취소됐다고 발표했다.[1] 이날, 베이징 인근 톈진天津 공항에도 항공기 이착륙 사태가 벌어졌다. 이미 출발한 항공기는 톈진 공항 상공을 빙빙 돌다가 인근 도시로 긴급 우회하거나 되돌아가야 했다.

이 모든 사태의 원인은 불과 몇 미터 앞도 보이지 않을 만큼 강력한 하이 스모그high smog 때문이었다. 이날 베이징의 PM2.5(지름 2.5μm 이하의 초미세먼지) 농도는 592$\mu g/m^3$를 기록했는데, 이는 세계보건기구WHO 기준치의 24배였다. 베이징 기상청은 대기오염 2급 주황색 경보를 발령했다.

중국의 대기오염 기준은 1급(0-50 우수), 2급(51-100 양호), 3급(101-150 가벼운 오염), 4급(151-200 중간 오염), 5급(201-300 심각한 오염), 6급(301 이상, 매우 심각한 오염)의 6단계로 구분된다. 경보는 심각도가 높은 순으로 적색(1급)·주황색(2급)·황색(3급)·청색(4급)의 4단계로 구분된다.

이 사태는 갑자기 시작된 게 아니었다. 한 달 전인 11월부터 베이징의 대기는 역대 최악이었다. 중국 당국은 그때까지 한 번도 '적색 경보'를 울리지 않았다. 11월 말에도 닷새가량 심각한 스모그로 인해 시민들의 비난이 쇄도했지만 끝내 경보를 울리지 않았다.

그러나 2015년 12월 8일, 사상 처음으로 베이징 시는 1급 적색 경보를 알렸다. 수도권 공기질 지수가 '매우 심각한 오염' 상태임을 공식적으로 인정한 것이다. 12월 8일, 베이징의 공기는 말 그대로 숨쉬기 고통스러운 독가스나 다름없었다.

사상 처음으로 발령된 1급 적색 경보는 이틀 뒤인 10일 해제되었다. 그런데 그로부터 3일 뒤 13일 저녁, 베이징 중남부와 허베이 성河北省 중남부, 허난 성河南省 동북부 등 중국 동북 지역에 3급 경보인 '황색 경보'가 내려졌고, 6일 뒤인 12월 19일에는 두 번째 1급 경보가 발령되었다. 이 1급 경보가 해제된 지 사흘 만인 성탄절 아침, 전대미문의 베이징 공항 사태가 벌어진 것이다.

중국의 경제수도 상하이上海도 성탄절 아침을 스모그로 맞았다. 상하이 기상청은 이날 오전 5시 41분을 기해 스모그 황색 경보를 발령했다. 상하이 시의 공기질 지수는 오전 6시 현재 263$\mu g/m^3$로 '심각한 오염' 상태였다. 이에 따라 상하이 환경보호국은 전력사용을 줄이는 한편 각 기업과 공장에 생산 감축과 함께 오염물 배출량을 줄이고, 건설시공 현장에서 먼지를 날리는 작업을 중단할 것을 지시했다. 덤프트럭 운행도 금지됐다.

원래 상하이 일대는 중국에서 가장 산업화된 곳이다. 이곳에도 대규모 석탄 발전소들이 줄지어 있지만 대체로 북쪽 허베이 지역보다는 대기오염문제에서 자유롭다. 바닷바람이 스모그를 바다로 날려버리기 때문이다.

그러나 2013년 12월 첫 주는 달랐다. 두꺼운 공기층이 동쪽 도시들을 감싸면서 상하이의 하늘이 흐려졌고, 대기오염 모니터들은 연일 기록을 갱신했다. 이로 인해 난징南京의 학교들은 일시 휴교령을 내렸으며, 항저우杭州는 긴급 경보를 내렸다. 상하이의 유독가스 같은 공기는 학교 아이들을 교실 안에 가두었으며 공항도 일시 마비시켰다. 전례 없는 사태가 벌어진 것이다.

중국 환경운동가들 사이에 '족집게'로 정평이 난 미국 영사관의 초미세먼지 측정기에는 '해로운'hazardous이라는 문자가 떴다. 상하이 미국 영사관이 측정한 대기오염지수는 일몰 때는 300$\mu g/m^3$, 일출 때는 400$\mu g/m^3$를 넘나들었다. 그리고 최고치는 거의 700$\mu g/m^3$까지 육박했다. 그것은 2012년 5월, 상하이 영사관에 측정기가 설립된 이래로 최고 기록이었다. 더 두려운 사실은 상하이의 대기오염이 베이징 수준까지 근접했다는 것이었다. 맥킨지 컴퍼니McKinsey & Co. partner 상하이 지사장 고든 오르Gordon Orr는 이렇게 우려했다.

> 상하이는 중국의 경제, 상업의 롤모델이자 리더이다. 만약 상하이가 국제적 수준의 환경을 유지하지 못한다면 이는 수치스러운 일이다.[2]

그뿐 아니었다. 상하이에 인접한 항저우, 자싱嘉興, 사오싱紹興 등 저장浙江 성 북부 지역도, 산둥山東, 허난, 허베이, 광시廣西 성도 '심각한 오염' 상황을 보이면서 죽음의 독가스라 불리는 하이 스모그로 뒤덮였다.

이 엄청난 재앙의 진원지는 베이징과 베이징을 둘러싼 중국 최대 산업단지로, 약 20여 년간 중국이 경제성장을 향해 달려오는 동안 한쪽에서는 거대한 오염물질이 중국의 하늘을 뒤덮었다. 이제 살인가스로 불리는 베이징 스모그는 중국뿐 아니라 인접국의 안전까지 위협할 수 있는 가장 강력한 환경재앙으로 떠오르고 있다.

BEIJING SMOGEDDON

PART
1

대기오염,
대륙을 위협하다

2013년 겨울,
베이징 스모겟돈의 시작

세상에서 가장 먼 거리는 삶과 죽음 사이의 거리가 아니라, 손을 마주 잡고도 서로의 얼굴을 볼 수 없는 너와 나 사이의 거리다.

중국인 관광단이 스위스에 도착하자 일부 관광객들이 숨을 쉬기 어렵다고 호소했다. 스위스 당국이 당혹해하자 중국인 가이드가 침착하게 조언했다.
"자동차 배기가스를 들이마시게 하세요."
가이드의 말대로 했더니 기절했던 중국인이 벌떡 일어섰다.

위의 일화는 최근 몇 년간 중국 대부분 지역에서 동시다발적으로 최악의 스모그가 발생하자 중국 네티즌들이 심각한 중국 대기오염문제를 풍자한 말이다.

물론 중국의 살인적인 대기오염이 어제 오늘의 일은 아니다. 하지만 중국 정부가 이렇다 할 대안을 찾지 못하고 있는 사이, 스모그의 수준을 넘어 사람의 생명을 위협하는 공포로 확산되기 시작했다. 그때가 2013년 가을 무렵이었다.

2013년 10월 18일, 그래미상 수상자인 미국 재즈 가수 패티 오스틴Patti Austin의 베이징 공연이 돌연 취소됐다. 사건의 원인은 오스틴의 급성 천식이었다. 그녀는 베이징에 온 뒤 심한 기침과 호흡불안정에 시달리다가 결국 생애 최초로 공연취소 결정을 내리고 말았다. 이 외에도 베이징에서 경기를 하러 온 외국 스포츠 선수들이 줄줄이 스모그로 인한 어지러움 증세로 경기를 중단하고 병원에 실려가기도 했다.[3]

슈퍼 스모그로 인해 고생하는 것은 내국인들도 마찬가지여서, 통근버스가 중단되고 사람들은 마스크를 쓰고 걸어가야 했다. 이날 아침, 도시환경 모니터링센터에서는 아이들과 노약자, 호흡기 관련 질환자들은 외출을 자제할 것을 경고했다. 중국 인터넷에는 "베이징 공기가 너무 나빠 오스틴에게 문제가 일어난 것 같다. 베이징 시가 사과해야 한다"는 등의 반응이 실시간으로 올라왔다. 패티 오스틴을 쓰러뜨린 베이징의 PM2.5 농도는 300$\mu g/m^3$였다. 세계보건기구는 25$\mu g/m^3$ 이상인 경우 경보를 울린다. 300$\mu g/m^3$ 이상은 거의 살인적인 수치인 것이다.

그런데 그로부터 3일 뒤인 2013년 10월 21일, 중국 북부의 대도시 하얼빈哈爾濱은 1,000$\mu g/m^3$라는 수치를 기록했다. 그날 하얼빈은 관측사상 최고치를 기록한 슈퍼 스모그로 인해 도시가 셧-다운

표 1. 중국의 대기질 기준과 세계보건기구의 가이드라인

구분		중국(1996)	중국(2000)	세계보건기구(2005)
미립자(TSP)	일	300	—	—
	연간	200	—	—
미세 미립자(PM10)	일	150	150	50
	연간	100	100	20
질소산화물(NOx)	일	100	—	—
	연간	50	—	—
이산화질소(NO_2)	일	80	120	—
	연간	40	80	40
아황산가스(SO_2)	일	150	150	20
	연간	60	60	—
오존		160 1시간 평균	200 1시간 평균	100 8시간 평균

대기질에 관한 중국과 세계건강기구의 기준은 상당한 차이가 있다.
출처: Woodrow Wilson International Center for Scholars, 2009, "CHINA ENVIRONMENT SERIES" 10.

되었다. 인구 1,100만의 도시 하얼빈은 중국 북동 헤이룽黑龍江 지방에 위치하며, 철강·시멘트 산업의 주력 생산지이다. 보통 겨울이 되면 하얼빈의 PM2.5 수치는 600㎍/㎥를 넘겼지만, 2012년 1월 측정 이래 1,000㎍/㎥를 넘은 것은 처음이었다. 더 정확하게 말하면, 기계가 1,000㎍/㎥ 이상을 측정할 수 있는지는 알려진 바가 없으므로 정확히 얼마나 수치가 올라갔는지는 미지수이다. 이날 아침 하얼빈 시민들은 창문 밖으로 아무것도 보이지 않아 눈이 내리는 줄 알았을 정도다. 그들은 이미 며칠 전부터 태양을 보지 못한 상태였다.

하얼빈뿐만이 아니었다. 다른 북동 지역 역시 심각한 수준의 스모그의 습격을 받았다. 가시거리가 10미터도 되지 않아 교통대란이 일어났으며, 일부 고속도로는 폐쇄됐다. 모든 학교는 휴교했고, 하얼빈의 타이핑 국제공항에서는 항공편이 모두 결항되거나 지연되었다. 이렇게 2013년 10월 중순 슈퍼 스모그의 강타로 북중국 일대는 말 그대로 마비되었다. 더 충격적인 사실은 중국의 하이 스모그 시즌은 아직 시작되지도 않았다는 것이다.

12월 하반기에도 중국의 도시들은 국가가 정한 대기청정 기준치에 미달했다. 난방수요가 급증하는 12월부터 1월은 대기오염 수준이 최악을 찍는 시기다. 중국 내 74개 주요 도시의 대기오염도를 측정한 결과, 62개 도시가 한 달 중 절반이 PM2.5 기준치인 75$\mu g/m^3$를 훌쩍 초과했다. 11월에 비해 2배 이상 높을 때도 있었다.

2013년 1월에만 베이징의 대기오염 수치가 300$\mu g/m^3$를 넘는 날이 19일이었으며, 500$\mu g/m^3$를 넘는 날이 발생해도 더 이상 특이한 현상이 되지 않았다. 1월 12일에는 베이징의 대기오염이 최고치를 찍었다. 이날 측정기계는 886$\mu g/m^3$를 가리켰으며, 외출한 시민들은 기침을 하거나 눈물을 닦느라 정신이 없었다. 모두 잠시라도 빨리 거리를 벗어나 실내로 가기 위해 종종걸음 쳤다. 단지 티베트의 라싸拉萨, 윈난 성雲南省의 쿤밍昆明, 허베이 성의 장자커우張家口 3개 도시만이 12월 중 24일 이상 대기질이 정상인 것으로 파악됐다.

앞서 언급했듯이 겨울이 되면 중국 북부 지역의 대기 상태는 최악으로 치닫는다. 기상이 악화되면서 난방을 위해 가정과 시설에서 난방용 석탄을 쓴다. 게다가 베이징 지역의 연간 강수량은 584밀리미터밖에 되지 않고, 그것도 내리는 비의 2/3가 여름철에 집중돼있다. 한겨울의 베이징은 황야다. 바람도 불지 않는다.

겨울에는 바람이 전혀 불지 않기 때문에 오염원, 오염물질들이 대기에 그대로 축적되어버렸고 상황을 악화시키고 있습니다.

베이징 대학의 환경과학과 주통朱彤 교수는 비도 오지 않고 바람도 불지 않는 천혜의 자연조건 덕택에 베이징은 더러운 스모그 구름에 갇혀버린다고 말한다. 중국 농업대학의 허동시안 교수는 베이징 지역의 대기오염은 농업분야에 핵겨울(핵전쟁 후 지구 한랭화 현상)과 가까운 영향을 미칠 것이라고 비유했다. 즉, 공해물질이 농작물을 재배하는 비닐하우스 표면에 부착되어 태양을 차단하게 돼 농작물이 광합성에 필요한 태양광의 50퍼센트밖에 못 받는다는 것이다.

토마토와 고추로 실험을 했는데, 실험실에서 2주 만에 발아했던 토마토와 고추가, 베이징의 농장 온실에서는 2달이 걸려서야 싹이 텄습니다. 식물 생존문제가 기가 막힐 정도로 심각하다는 얘기죠. 만일 베이징의 스모그가 이대로 지속된다면 국가의 농업 생산은 반드시 타격을 입을 것입니다. 대부분의 농장은 그야말로 '스모그 패닉' 상태입니다.[4]

미국 대사관의 발표에 따르면, 2013년 1월의 어느 토요일에는 베이징의 초미세먼지 수치가 755㎍/㎥ 수준까지 치솟았다고 한다. 휴교령이 내려졌고 주말 내내 거리는 텅 비어 있었다. 태양은 간신히 두툼한 스모그 층을 뚫고 희미하게 낯을 내밀었다. 베이징이 이 회색 스모그로부터 해방되려면 언제 불어올지 모르는 바람을 무작

정 기다려야 하는 상황이었다.

봄철이라고 안심할 수는 없다. 축제가 시작되고 폭죽과 불꽃놀이가 베이징의 하늘을 수놓게 되면 대기의 먼지농도는 급속히 올라가 PM2.5 농도지수는 300㎍/㎥까지 치솟는다. 결국 2015년 중국은 530여 개 도시에서 폭죽놀이와 관련한 제한 조치를 시행했으며 130개 도시는 아예 금지 초치를 취했다.

세계은행에 따르면, 중국 도시 거주자 5억 6,000만 명 중 겨우 1퍼센트만이 유럽연합EU 기준에 적합한 공기를 마시고 있는 것으로 파악되고 있다. 베이징의 초미세먼지 PM2.5의 공기 중 함유농도는 전 세계 어느 곳과 비교할 수 없는 압도적인 수치를 보이고 있다. 하나의 예로, 로스앤젤레스의 2012년 최악 기록이 43㎍/㎥였던 반면, 2012년 3월 베이징은 평균 469㎍/㎥를 기록했다.

원래 스모그Smog란 말은 연기Smoke와 안개Fog의 합성어로 공장이나 자동차, 가정의 굴뚝에서 나오는 매연이 안개와 섞여 있는 상태를 가리킨다. 스모그에는 런던형 스모그와 로스앤젤레스형 스모그가 있는데, 런던형 스모그는 공장 가동, 가정 난방 등이 주요 원인이며 석탄의 연소를 통해서 대기로 유입되는 매연, 아황산가스, 일산화탄소 등이 안개와 합쳐지면서 만들어진다. 이 중 아황산가스는 허파나 기도에 손상을 주어 호흡기 질환을 일으키기도 한다.

로스앤젤레스형 스모그라고도 하는 광화학 스모그는 자동차의 배기가스 등에서 나오는 이산화질소와 탄화수소가 대기 중에 농축되어 있다가 태양광선 중 자외선과 화학반응을 일으키면서 산화력이 큰 옥시던트Oxidant를 2차적으로 발생시켜 안개가 낀 것처럼 대기가 변하는 현상을 말한다. 스모그가 발생하면 눈과 목의 점막이 자극을 받아 따갑고, 눈병과 호흡기 질환을 일으키기도 한다. 심하면 식물의 성장을 방해하며 삼림을 황폐화시키고 자동차 타이어 등 고무 제품까지 부식시켜 내구성을 떨어뜨린다.

베이징형 스모그는 런던형과 로스앤젤레스형의 복합형으로 그 둘을 능가하는 역대 최악의 스모그다. 이를 반증하듯 베이징은 2014년 상하이 사회과학원上海社会科学院이 모스크바, 홍콩, 상하이 등 세계 40개 주요 도시를 대상으로 실시한 거주환경조사에서 길고 추운 겨울을 가진 모스크바에 이어 최악의 거주환경도시 2위를 차지했다. 물론 그 이유는 '끔찍한' 대기오염 때문이다. 그런데 그런 베이징조차도 중국 최악의 대기오염 지역이 아니다. 중국 북서부의 우루무치烏魯木齊와 란저우蘭州, 그리고 산시 성山西省의 린펀臨汾이 그 불명예의 주인공이다.

오늘날 세계에서 가장 더러운 도시이자 가장 온실가스를 많이 배출하는 도시의 80퍼센트가 중국에 있다. 이 사실이 말해주듯 오늘날 중국은 세계 최악의 대기오염국이다. 최근의 헤드라인들도 충격적이다. 상하이 부근 황푸 강黃浦江에서 발견된 수천 마리의 부패한 돼지 사체, 무서우리만치 심각한 베이징의 대기오염지수, 환경오염으로 인해 죽어가는 수십 만 명의 사람들…. 통제불능의 대기오염과 환경오염으로 중국은 언제 질식할지 모르는 위험한 줄타기를 하면서 지구촌을 위협하고 있다.

살인 스모그를 고발하다, 환경 다큐멘터리 〈돔 지붕 아래서〉

2015년 2월 28일, 중국 공영방송 CCTV의 '간판'으로 활약했던 전직 여성 앵커 차이징柴静이 자비 100만 위안(약 1억 8,000만 원)을 들여 중국 각지와 미국, 유럽 등 외국을 현장 취재해 만든 103분짜리 다큐멘터리가 중국 전역을 뜨겁게 달구었다.

〈차이징의 스모그 조사: 돔 지붕 아래서〉穹顶之下는 2015년 2월 28일 정오에 온라인에 공개된 이래 3월 2일 저녁까지 '텅쉰' 비디오 포털 사이트에서만 1억 3,600만 번이 넘는 조회수를 기록하며 활발한 토론을 불러왔다.

차이징은 CCTV 앵커 시절, 미모와 실력을 겸비한 유능한 언론인으로 이름을 날렸다. 2003년 중증급성호흡기증후군SARS에 관한 심층 보도, 2008년 원촨汶川 대지진 등 굵직굵직한 사건사고가 터지는 곳이면 그녀가 달려가 취재했고, 기자와 앵커를 꿈꾸는 이들에게는 롤모델이었다. 하지만 2013년 10월 그녀는 미국에서 딸을 출산했고,

사람들은 그녀에 대한 믿음만큼 배신감이 컸기에 그녀를 '원정 출산자'라고 거세게 비난했다. 결국 그녀는 회사를 그만두었다. 차이징에게도 나름 이유가 있었다.

> 처음 아기의 심장소리를 듣는 순간 다른 어떤 기대도 하지 않게 되었어요. 건강하기만 해다오. 하지만 아이는 양성종양이라는 진단을 받았습니다. 태어난 직후에 수술을 받아야 했어요. 마취하기 전 의사는 저에게 이렇게 어린 나이에 전신마취를 하게 되면 깨어나지 못하는 경우도 있다며 마음의 준비를 하라고 말했습니다. 한 번 안아보지도 못했는데. 제가 다시 딸을 만났을 때 아이는 아직 혼수상태였습니다.

차이징은 딸아이의 손에 가득한 바늘자국을 보며 아이가 무사히 깨어나기만을 빌고 또 빌었다. 차이징은 딸의 수술을 계기로 그녀가 '안개'라고 여겼던 스모그에 눈을 뜨기 시작했다. 딸의 양성종양이 스모그 때문이 아닐까 라는 의구심이 올라왔다. 그리고 중국의 부모들과 자녀들을 위해 이 전쟁을 치르기로 결심하고 다큐멘터리를 제작했다.

모성의 힘이었을까. 차이징은 프로그램 제작을 위해 국무원, 발전개혁위원회, 공업정보화부, 환경보호부 등 각 부처 전문가들의 도움을 받았고 병원 수술실부터, 중국 전역의 정유 공장, 과거 스모그가 심했던 영국 런던과 미국 로스앤젤레스까지 찾아갔다.

차이징은 베이징대의 치우싱화邱兴华 박사와 24시간 대기오염에 노출된 도심 공기 샘플을 가지고 한 실험 결과를 공개했다. 대기오염의 심각성을 알고 실험한 것이었지만, 차이징도, 치우 박사도 결과를 믿을 수 없었다. 샘플에서는 15가지 발암물질이 발견되었는데, 심지어 벤조피렌까지 포함되어 있었다.

산시山西 성 샤오이에 있는 4, 5개의 코크스 공장 한복판의 샘플에서 검출된 벤조피렌은 국가기준치보다 9배가 높았다. 그런데 도심 속에 24시간 노출된 샘플에서 검출된 벤조피렌은 국가기준치보다 14배가 높게 나온 것이다. 공장지대도 아닌 도시에서 어떻게 이럴 수 있을까. 치우 박사는 재검사를 했다. 다음날, 박사는 수화기 너머로 차이징에게 말했다.

> 틀림없이 14배입니다. 심지어 20배 이상 검출된 샘플도 있습니다….

다큐멘터리는 연속해서 스모그로 인해 기침을 하고 아픈 아이들과 어른들을 보여준다. 태어나자마자 원인 불명의 폐렴에 걸린 생후 2개월 아기로 인해 속이 타들어가는 부모, 많은 먼지를 들이마셔서 림프선이 검게 변한 환자의 폐를 보여주며 차이징은 그 원인이 스모그에 있다고 데이터를 가리킨다. 2013년 1월, 심각한 스모그가 발생했던 기간에 중국의 27개 도시에서 응급환자 수가 폭발적으로 증가했다.

무엇보다 차이징은 스모그에 대해 무지한 중국의 시민들을 보여주며 문제의 심각성을 밝힌다. 스모그는 '적응'하면 되는 거 아니냐는 반응을 하는 사람도 있다. 남캘리포니아주립대학교 의과대학 임상예방의학 교수인 에드워드 애볼Edward Lawrence Avol은 적응이 아니라 손상이 되는 것이라고 설명한다.

> 아이를 오염에 노출시키면 그 첫째 날에 일부 기능이 손상됩니다. 둘째 날에는 손상의 정도가 첫째 날만큼 심하지는 않지만 그것이 '적응'했기 때문은 아닙니다. 이미 폐 기능의 손상이 시작된 것이죠. 세계 각국의 연구에 따르면, 오염 지역에서 자란 아이들에 비해 깨끗한 곳에서 자란 아이들의 폐 성장속도가 더 빠릅니다. 어린 시기에 폐 기능이 온전히 발육되지 못하면 성장 후에 폐 질환이 발생할 가능성이 커집니다. 따라서 아이의 성장·발육 시기의 공기 상태가 어떠하냐에 따라 아이의 인생이 바뀔 수 있는 것입니다.

스모그는 공장이나 자동차의 검은 매연에만 있는 것이 아니었다. 일상적으로 숨 쉬는 공기에 안개처럼 둔갑해 있으면서 시민들의 폐 속으로 들어오고 있었다. 다만 오랫동안 감추어져 있었을 뿐이다.

계속해서 「중국 26개 도시의 대기오염과 주민 사망현황 조사(1976-1981)」 보고서를 공개하는 허싱저우何兴舟 교수, 석탄 연소와 자동차 매연으로 중국의 대기오염은 엎친 데 덮친 격이라고 지적하는 하오지밍郝吉明 칭화 대학교 공정환경과학대학 학장, 오염의 근원을 감소시키는 방법이 최선이라는 왕위에스王跃思 중국과학원 대기물리연구소 연구원 등 전문가의 증언이 이어진다.

그러나 현실에서 오염을 개선하기란 쉽지 않을 것이다. 차이징은 환경보호부 북부감찰센터의 장따웨이 시찰원과 함께 시멘트 공장이 아무런 장치 없이 그대로 오염물질을 배출하는 장면을 촬영했다. 이 명백한 증거물을 내놓아도 그 회사는 어떠한 처벌도 받지 않았다.

> 60퍼센트 이상의 철강회사가 배출물질에 대한 어떠한 심사비준 절차도 가지고 있지 않습니다. 환경평가법은 한쪽에 제쳐놓고선 거들떠도 안보고 계속 심사비준 중단만 통지하는 겁니다. 특히 무허가 기업은 아예 포기를 했죠. 관리감독부처도 손 댈 생각을 안 해요. (이 기업들) 문 닫을 수 있겠어요? 단속이 되겠어요? 천만 톤의 철강이 몇 사람의 밥줄인줄 아세요? 10만 명이에요. 허베이의 철강은 이미 단속이 불가능한 수준이에요.

숑위에후이熊跃辉 중국 환경보호부 과학기술기준국 국장은 인터뷰 내내 한숨을 쉰다. 하얼빈의 PM2.5가 1,000㎍/㎥를 찍은 2013년 10월 21일, 하얼빈 환경보호국 직원은 웃지 못할 에피소드도 말한다.

> 버스는 말할 것도 없고 우리 국장님도 안 보입디다. 현장에 검측을 나갔는데 국장님을 알아본 사람이 한 명도 없었다는 겁니다.

공장들은 행정절차, 세무절차, 환경보호절차를 무시하고 지어진다. 아무도 절차를 준수하지 않는다. 환경보호국은 처벌을 내려도 회사들은 중단하지 않는다. 석탄 공장, 시멘트 공장, 발전소만이 문제가 아니다. 자동차 매연 오염도 심각하다. 등급 낮은 휘발유를 사용하기 때문이다. 왜 연료의 품질 기준을 높이지 않는 것일까. 위에신岳欣 중국 환경과학대학 차량용 연료 및 첨가제 실험실 주임의 답변이다.

> 석유연료 및 윤활제 기술위원회는 67퍼센트 정도가 석유화학업계 인사들입니다. 중국 석유 산업 및 윤활제 기준화 기술위원회에는 90퍼센트 이상으로 더 많고요. 석유연료 및 윤활제 기술위원회 비서실 역시 관계자들이에요.

세계에서 천연가스 생산량이 가장 많은 나라인 미국에는 6,300개의 천연가스 석유기업이 있다. 중국은 3개다. 그중 70퍼센트는 중국석유천연가스 그룹의 손안에 있다. 미국에는 160개의 천연가스 수송기업이 있다. 중국은 3개다. 그중 70퍼센트는 역시 중국 석유천연가스 그룹의 소유다. 독점적이고 폐쇄적인 중국의 석유화학 구조를 두고 리쥔펑李俊峰 중국 국가발전개혁위원회 에너지연구소 부소장은 '외아들'이란 표현으로 압축한다. 부모는 외아들이 하는 어떤 장난도 봐줄 것이다.

다큐멘터리 공개 후의 반응은 뜨거웠다. 영상을 통해 생생하게 스모그의 끔찍한 실상을 확인한 사람들은 열광적으로 호응했고 중국 언론들은 차이징의 용기를 높이 사며 당국에 대책을 요구하기 시작했다.

중국 당국도 이례적으로 차이징의 다큐멘터리를 '감탄할 만한' 필름이라고 치하했다. 필름이 공개된 시기도 기가 막혔다. 차이징이 의도한 것인지는 알 수 없지만 마침 중국 연례 최대 행사인 '양회'兩會(전국인민정치협상회의·전국인민대표대회)가 열리기 며칠 전에 다큐멘터리가 공개된 것이다. 3월 2일에는 그린피스 동아시아지부의 리수오Li Shuo 기후·에너지담당도 이 다큐멘터리가 워낙 센세이션을 일으켰기 때문에 양회에서 광범위하게 논의될 것이라고 전망했다.[5]

영국 『파이낸셜 타임스』Financial Times는 '중국 정부가 주요 인터넷 포털에서 〈돔 지붕 아래서〉의 스트리밍을 허용한 것은 시진핑의 반부패 캠페인의 주요 표적인 국유 석유 기업과 에너지 기업들이 스모그의 주범으로 등장하기 때문이라고 분석했다. 최근 부패혐의 등으로 처벌을 받게 된 저우융캉周永康 전 상무위원도 석유재벌을 일컫는 '석유방'石油幇[6] 인사 중 한 사람이다. 차이징의 다큐멘터리가 이런 거대 부패 세력과의 싸움을 정당화할 수 있는 여론을 만들어주었다. 하지만 당국의 호의적인 태도는 거기까지였다. 네티즌의 열렬한 반응은 이내 반정부적인 색채를 드러냈고, 일부 도시에선 대기오염문제 해결에 소극적인 정부를 비판하는 게릴라성 시위가 시작됐다. 예상치 못한 상황으로 돌변하자 중국 정부는 다큐멘터리가 방송된 지 일주일도 되기 전에 온라인 접속을 차단했다.

이후 중국 네티즌들은 단편적인 정지영상만 검색할 수 있을 뿐, 다큐멘터리를 다시 볼 수가 없었다. 당국의 허가가 없이는 사용할 수 없는 시내 유명 백화점이나 대형 쇼핑몰의 전광판에서도 '버젓이' 상영되던 다큐멘터리는 하루아침에 자취를 감췄다. 그즈음 이루어진 전국인민대표대회 환경부장의 기자회견에서도 당시 초미의 관심사였던 차이징의 다큐멘터리에 관한 내용은 전혀 없었다.[7]

소리 없는 살인자, PM2.5

중국인들이 차이징의 다큐멘터리에 열렬한 지지를 보내는 이유는 베이징의 스모그 위험이 시민들이 참을 수 있는 한계를 넘어섰기 때문이다. 최근 중국의 TV 프로그램을 보면 배경으로 등장하는 주요 도시의 도심은 짙은 스모그로 인해 한치 앞도 보이지 않는다. 대낮에 야외에서 보도를 하는데도 마치 늦은 오후처럼 뿌옇고, 그나마도 이내 어둠으로 변하고 만다. 중국의 수도 베이징과 톈진 시의 경우 이런 하이 스모그가 일어난 일수가 2013년에는 무려 10일이나 됐다. 52년 만에 처음 있는 일이었다. 그런데 이런 대기오염으로 인해 시민들이 직면한 현실은 단순히 눈물을 흘리며 출근을 하고 아이들이 학교를 가지 못하는 정도가 아니다.

세계보건기구의 연구조사[8]에 따르면 2010년 대기오염으로 인한 중국의 조기 사망자 수는 120만 명인데 이는 세계 조기 사망자 수의 40퍼센트를 차지한다. 이 같은 보도가 나가자 중국 정부가 발

끈했다. 그리고 중화의학회와 최고 두뇌집단 사회과학원 등을 동원해 "발표는 과대평가된 것"이며 "대기오염으로 평균수명보다 일찍 사망하는 사람은 해마다 35만-50만 명 정도"라고 반박했다.

하지만 중국의 민간 전문가들은 중국 당국의 발표에 매우 회의적이다. 국제적인 환경보호단체인 그린피스의 중국 지부는 현지 언론을 통해 "중국 대도시에서 대기오염의 대가로 사람들이 생명을 잃은 지는 이미 오래된 일"이라고 말했다.

홍콩 『사우스차이나 모닝포스트』South China Morning Post 중국어판은 2013년 중국 후베이 성湖北省 우한 시武汉市 의사인 류리 씨가 우한 시 정치협상회의에서 "대기오염이 이미 사람들의 건강을 심각하게 위협하며 무서운 결과를 낳고 있다"고 경고하면서 "최근 한 살 된 유아가 암 진단을 받았다"고 발표한 것을 보도했다. 더불어 류리 씨는 암 발생 연령과 암으로 인한 사망 연령이 빠른 속도로 낮아지는 추세이며 암의 발병 원인이 복합적이기는 하지만 대기오염이 부인할 수 없는 '주 살인범'이라고 강조했다. 그래서 자신이 근무하는 병원의 종양센터 병상 수가 10년 전보다 2배나 늘어나 1,000개나 되는데도 환자들로 붐비고 있다고 말했다. 그는 시민을 죽음으로 몰고 가는 대기오염을 막기 위해 당국이 시급한 조치를 취해야 한다고 주장했다.[9]

2013년 말, 장쑤 성江蘇省의 최연소 폐암환자인 8살 소녀의 발병 원인에 대해 담당의사는 대기오염이라고 밝혔다. 소녀를 진단한 장쑤 암센터 의사 펑동지에는 소녀가 8세의 나이임에도 불구하고 폐암에 걸린 이유를 주거 환경 때문이라고 보았다. 소녀는 장쑤 성 도심의 도로변에 거주했는데, 매연과 온갖 먼지들을 마시고 살았다. 펑은 특히 PM2.5를 가장 위험한 요소로 지목했다.[10] 이와 관련하여 대기오염은 또한 급성, 만성병의 확산과 관련 있다는 주장이 나오고 있다.

중국의 스모그가 위협적인 이유는 초미세먼지 PM2.5 때문이다. 안개처럼 스모그가 시야를 뿌옇게 가리는 것은 'PM^Particulate Matter^10'이라고 불리는 미세먼지가 공기 중에 많기 때문이다. 미세먼지 PM10의 지름은 10㎛ 이하인데 이보다 더 작은 초미세먼지가 있다. 지름 2.5㎛ 이하의 먼지로서 이를 'PM2.5'라고 부르는데 미세먼지인 PM10은 보통 머리카락의 1/5-1/7 수준의 크기이며, PM2.5는 머리카락의 1/30 크기이다(그림 1 참조).

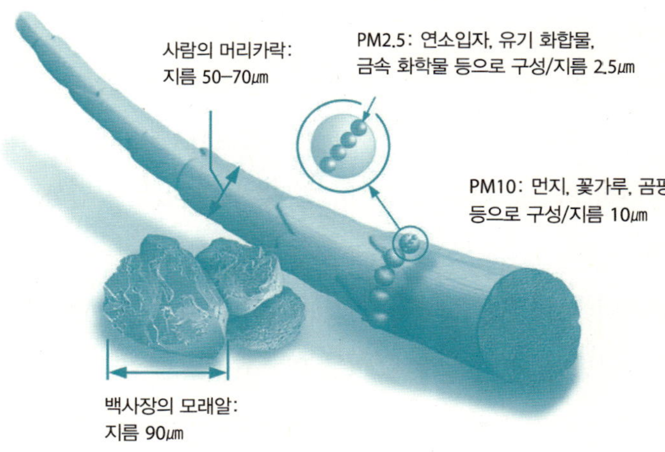

그림 1. 모래알, 사람의 머리카락, PM10, 그리고 PM2.5의 크기 비교

1마이크로미터(㎛)는 1미터의 1백만분의 1이다. PM2.5는 2.5마이크로미터로 혈관까지 침투한다.

출처: 미국 환경보호국, 2015(https://cfpub.epa.gov/airnow/index.cfm?action=aqibasics.particle).

이들 미세먼지들은 공장과 자동차 등을 통해 주로 배출되며, 사막에서 불어오는 황사와 대기 중의 스모그에 섞여 있다가 호흡기를 통해 인체에 들어온다. 초미세먼지 PM2.5가 미세먼지 PM10보다 더 위험한 이유는 입자 크기가 작아서 허파꽈리 등 호흡기의 가장 깊은 곳까지 침투하여 혈관까지 들어가 인체에 치명적인 문제를 일으키기 때문이다.

면 마스크로는 PM2.5를 완벽하게 걸러낼 수 없다. PM2.5는 콧속의 섬모와 점막에도 걸러지지 않아 폐의 가장 깊은 곳까지 들어간다. PM10이 폐에 도달하는 비율이 10퍼센트라면 PM2.5는 무려 50퍼센트나 된다. 입자가 작기 때문에 폐는 물론이고 혈관까지 쉽게 침투한다. 이로 인해 백혈구가 자극을 받아 혈관벽 염증을 유발하기도 하고 동맥경화, 뇌경색, 심근경색을 일으킨다. 그래서 세계보건기구는 PM2.5를 '1급 발암물질'로 규정하고 있다.

또한 기관지염, 천식, 만성폐쇄성질환COPD 등도 PM2.5로 인해 발병하는 대표적인 질환이다. 모공보다 작으므로 알레르기성 피부염의 원인이 되기도 하고 여드름이나 아토피가 있는 사람들의 증상을 급격히 악화시킬 수도 있다.

2013년 미국 『국립과학원회보』Proceedings of the National Academy of Sciences에 실린 중국, 이스라엘, 미국 연구원들의 공동 연구보고서에 따르면, 석탄 관련 산업이 발달한 공장지대인 중국 북부지방 주민들의 기대수명이 최대 5.5년까지 감소했다. 대기오염 때문이었다. 그런데 이보다 중국에서 더 긴급한 이슈는 칭화 대학 연구진의 발표였다. 이들은 67만 명의 아이들이 폐암, 뇌졸중, 심장 관련 질환, 만성적 폐 질환의 네 가지 질병으로 죽고 있는데, 이 질병들이 모두 PM2.5와 긴밀한 연관이 있다고 주장했다.

2012년 칭화 대학의 한 연구소인 차이니즈 스터디The Chinese Study에서는 중국 인구의 70퍼센트 정도가 일상적으로 나라에서 정한 건강 기준치 35㎍/㎥보다 높은 수준의 PM2.5에 노출되는 것으로 파악했다. 나라에서 정한 기준조차도 국제 기준에 비하면 상당히 높은 수치인데, 세계보건기구는 건강을 위한 최소한의 노출 수준을 25㎍/㎥로 규정하고 있다.

2013년 3월 초 중국의 중화의학회 중난산鐘南山 회장은 전국인민대표대회에 참석해, 지난 10년간 베이징 시의 폐암 발병률이 60퍼센트나 증가해 남성의 경우 10만 명당 76명, 여성은 10만 명당 48명에 이르렀으며 이는 세계 최고 기록이라고 발표했다. 그 자리에서 중난산 회장은 초미세먼지 PM2.5의 급속한 증가를 원인으로 지목했다.

1995년 미국 암학회에서 발표한 연구결과에 의하면 초미세먼지가 1㎥당 10㎍ 증가 시 총사망률이 7퍼센트 증가하는 것으로 나타났다. 2009년 한국 국립환경과학원도 서울에서 초미세먼지 농도가 1㎥당 10㎍ 올라갈 때마다 조기 사망률이 0.8퍼센트 증가한다는 연구결과를 발표한 바 있다. 때문에 초미세먼지는 '죽음의 먼지' 혹은 '조용한 살인자'라고 불리기도 한다. 그런데 중국 정부는 2014년 1월 중국 내 PM2.5 대기오염 지역이 143만㎢, 즉 우리나라 면적의 약 14배나 된다고 발표했다. 이것이 바로 PM2.5 지옥, 베이징 스모겟돈을 낳은 중국 대기오염의 현실이다.

죽음의 만리장성, 베이징 석탄 벨트와 그 희생자들

석탄은 사람, 특히 장시간 그것을 캐는 노동자를 죽이는 것으로 유명하다. 대개 우리가 석탄 채굴과 석탄 공장의 안전성에 주목하게 될 때는 탄광 붕괴 같은 대형 사고가 터질 경우이다. 그러나 실제로 석탄 광부들은 사고가 아닌 탄진폐증으로 쓸쓸히 사망하는 경우가 많다. 건강에 치명적인 탄진폐증은 결코 과거의 유물이 아니며, 오늘날에도 석탄광부들을 비롯해 많은 이들을 죽음에 이르게 하고 있다.

미국 산업안전보건연구원NIOSH의 전문가들은 2012년에 버지니아 남부와 켄터키 동부 석탄 채굴장의 노동자 중 심각한 탄진폐증에 걸린 사람이 3.2퍼센트에 달한다고 보고하고 있다. 이는 15년 전에 병이 발병했을 때보다 10배가 증가한 것으로, 이 심각한 질병을 예방하는 데 실패했음을 보여준다.

탄진폐증은 석탄 먼지를 들이마셔서 발생한다. 폐에 먼지입자가 축적되면서 호흡이 어려워지며, 병세가 진행될수록 기침이 잦고 호흡이 짧아진다. 탄진폐증을 갖고 산다는 것은 호흡을 할지 말지 매번 생각을 하고 호흡하는 것과 같다. 그렇게 숨쉬기가 고통스럽다는 뜻이다.

미국은 1969년에 탄진폐증을 없애는 것을 국가 목표로 설정하고 관련 안전 법률을 통과시켰다. 이 법률을 통하여 채굴장에는 더 나은 환기 및 방진 시설과 모니터링 체계가 도입되었다. 2014년 오바마 정부도 오랫동안 표류 중이던 미국 채광 안전 및 보건부U.S. Mine Safety and Health Administration의 먼지조절 규제를 통과시켰다. 하지만 탄진폐증과의 싸움은 반세기가 다 되어도 현재 진행형이다.

그런데 중국은 석탄·석면 등 광물에서 나오는 먼지로 인한 피해 사례들이 많다. 중국 서북부 지방은 풍부한 광물이 매장되어 있지만, 광부들은 석면과 광물을 캐는 동안 발생하는 가루와 먼지를 뒤집어쓴 채 살고, 인근 광산들은 마치 뿌연 안개가 가리는 듯 구름이 둘러싼 듯 먼지에 둘러 싸여 있다.

중국은 세계에서 두 번째로 석면을 많이 생산하고, 가장 많이 소비하는 나라다. 제조업이 발달한 중국 동북부 지방은 베이징 인근 약 350킬로미터 정도의 거대한 석탄 공장 벨트를 이루고 있으며 2,300개 이상의 석탄 공장이 가동되고 있다. 2011년 세계보건기구는 이들 지역의 조기 사망자를 다음과 같이 발표했다.

허난 성	31,400명
산둥 성	29,800명
내몽골	27,400명

산시 성 26,100명

장쑤 성 24,200명

세계보건기구는 조기 사망 측정뿐만 아니라, 2011년 석탄 공장의 매연 배출이 중국인들의 건강에 어떤 영향을 미치는지를 밝혀냈다. 천식으로 고통 받는 32만 명의 어린이들과 6만 1,000명의 어른들, 몸무게 미달로 태어난 3만 6,000명의 신생아들, 34만 명의 병원 입원자, 200만 명의 방문 진료, 1억 4,100만 일의 병가가 그것이다. 수치만 어림짐작해보아도 그 피해 규모를 짐작할 수 있다. 그나마 이는 병원에 가서 치료를 받는 경우이다. 중국 경제의 지역적 편차를 고려해볼 때 병원에 가지 못하는 사람의 수도 적지 않을 것이다.

미국 천연자원보호위원회NRDC, The Natural Resources Defense Council 그린그룹Green Group의 연구에 따르면, 2012년 석탄 공장 배출먼지로 인해 사망한 중국인은 67만 명에 이른다. 2014년의 경우, 50만 명이 조기 사망으로 추정되고 있다.[11]

중국은 세계 석탄 소비량의 절반을 쓰고 있다. 환경학자 마이클 반덴버그Michael Vandenbergh의 논문 「기후변화: 중국의 문제」Climate Change: The China Problem에 의하면, 중국 석탄 화력 발전소의 1일 평균 생산량은 미국 댈러스만한 규모의 도시를 7-10일 정도 유지할 수 있을 만큼 그 규모가 어마어마하다. 그런데 이런 막대한 규모를 감당할 만한 정화 시스템과 전문인력이 턱없이 부족하다. 당연히 석탄 연료 사용으로 인한 대기오염은 악화일로로 치닫고 있다. 석탄 발전소는 매년 중국 내 질소산화물NOx 배출량의 48퍼센트를 내뿜고 있다.

살인 스모그, 대륙을 살찌운 주력 산업이 범인이었다

베이징의 하늘과 중국 대륙을 위험에 빠뜨린 환경오염, 그 숨은 원인은 중국 내부에 있었다.[12] 그 첫째 원인은 빠른 경제성장과 도시화이다. 개혁개방 이후 21세기에 중국 경제가 빠르게 성장하면서 GDP가 증대하고 경제성장률이 8퍼센트대를 유지하고 있으며, 이로 인한 도시화 또한 급격히 진행되고 있다.

베이징 시에 등록된 인구는 베이징에 영구거주권을 가진 자와 일시적 거주권을 가진 자를 모두 포함한다. 2010년 인구조사에 따르면, 베이징의 공식 총 인구는 1,961만 2,368명으로, 지난 10년 동안 44퍼센트가 증가했다. 2006년 도시 핵심부의 인구는 1,333만 명으로, 당시 시의 전체 인구인 1,581만 명 중 83퍼센트에 달했다. 2014년에는 베이징의 인구가 2,100만 명을 넘어서며 호주 전체 인구와 비슷해졌다. 상하이는 2,500만 명, 충칭重慶은 2,900만 명에 달한다. 천만 명이 거주하는 중국 내 도시가 15개이다. 이렇게 도시화와 인구집중이

가파르게 진행되면서 발생하는 문제는 여러 가지가 있지만, 여기서 주목할 영역은 중국의 에너지 소비 증가율이다. 2005년 중국의 GDP 성장률은 10.2퍼센트였지만 전년 대비 에너지 소비는 9.9퍼센트, 전력 소비는 13.5퍼센트 증가했다. 에너지 소비와 함께 전력 소비의 증가율을 GDP 성장률로 나눈 탄성치彈性値로 보면 에너지 소비에서 0.97, 전력 소비에서 1.32에 이르고 있다.

1990년대 중국은 에너지 절약 부문에서 일정한 성과를 올렸다. 그러나 2000년대에 들어서자 에너지 과소비형의 성장 패턴으로 돌아섰다. 인프라 건설을 위한 철, 시멘트 등의 기초자재 생산 및 수출용 공업 생산 증가 때문이다. 또한 도시민들은 중국의 승승장구하는 경제성장률을 만끽하며 에너지 소비를 포함한 소비생활의 풍요로움을 누리고 있다.

에너지 소비에 대한 GDP 탄성치는 1990년대에 0.16-0.63으로 1.0보다 작은 범위에 있었지만, 2000년대에 들어와서부터는 2003년 1.53, 2004년 1.59로 1.0을 크게 상회했다. 전력 역시 2000년 이후 매년 1.12-1.56의 수치를 보이고 있다. 쉽게 풀이하면, 중국은 1달러를 벌기 위해 선진국의 3-8배나 되는 에너지를 소비하고 있다.

에너지 효율을 높이는 것은 중국에서 시급한 문제다. 중국의 에너지 소비량은 세계에서 가장 빠르게 증가하고 있지만 그중 상당량은 낭비된다. 이 때문에 중국 정부는 에너지 절약을 국가의 중요 정책으로 삼고 있기는 하다. 2006년부터 2010년까지 제11차 5개년 계획에 있어서는 조화와 절약형 경제사회 구축을 목표로 했고, 그중에서 에너지 절약 정책목표를 주요한 정책으로 보고 있다. GDP당 에너지 소비지표가 처음으로 거시적macro 경제관리 목표가 된 것은 주목할 만하다. 중국이 향후 양적인 고도 경제성장만이 아닌, 자원관리와 에너지 절약을 포함하는 질적인 경제성장까지 도모할 것을 기대할 수 있다.

둘째, 중국의 규모이다. 중국 정부는 환경문제를 해결하기 위해 부단히 노력하고 있지만 중국의 대기오염 원인이 워낙 다양하기 때문에 이를 효율적으로 방지하고 계획대로 제어하기가 어렵다. 대륙이다 보니 지역 간 발달 산업과 에너지 구조의 특색에 따라 오염물질도 지역별로 각양각색 차이가 있다. 광범위한 지역에 산재해 있는 대기오염문제를 효율적으로 풀어가기란 쉬운 일이 아니다.

건물, 도로 등 국토 인프라 건설에 매진하며 세계의 공장으로서 섬유제품, 가전제품 등을 수출하는 중국은, 그만큼 자원을 수입하고 있다. 철, 니켈, 구리, 알루미늄, 종이펄프, 시멘트, 플라스틱 등이 중국에서 수입하는 주요 자원이다. 문제는 중국의 산업규모로 인해 중국의 수출입 행보에 따라 다른 국가들의 수출입 경제 역시 휘청거린다는 것이다.

예를 들어, 2008년 베이징 올림픽, 2010년 상하이 엑스포를 앞두고 중국에서는 건설 러시가 일었다. 건설에 필요한 금속자원이 부족하게 되자 주변 국가들의 금속자원 및 기초자재 값이 풀쩍 뛰었다. 일본에서는 이 시기에 금속 도난 사건이 빈번해졌는데, 중국의 영향으로 보고 있다.

금속뿐 아니라 폐지의 가격도 올라가고 있다. 수출용 제품을 보호하는 골판지 박스의 수요가 중국에서 급증하자 이 원료가 되는 폐지가 중국에 수출되고 있다. 덕분에 폐지 값 역시 급등했으며, 사정은 폐플라스틱, 페트병도 마찬가지다.

중국이 향후 연간 8퍼센트의 경제성장률을 20년간 지속한다면 경제규모는 5배 가까이 커지게 된다. 인구와 경제규모에 비례해서 선진국과 같은 수준의 자원을 소비하게 되면 석유, 철광석, 우라늄, 식료품 등 세계의 자원수급에 중대한 영향을 초래할 수 있다. 이미 아프리카, 중동, 중앙아시아 등의 국외에서 자원을 확보하려는 중국의 활동이 활발해지고 있다.

중국의 규모는 다른 각도에서도 환경오염에 대한 고민을 안겨준다. 중국이라는 거대한 나라의 통치는 어렵다. 경제성장과 환경의 조화는 큰 과제이지만 그 균형을 어떻게 잡을까? 현재로선 겉으로는 환경보호를 외치지만 현실은 경제가 우선이고, 중앙정부의 손이 닿지 않는 지방으로 갈수록 그러한 경향은 강하다.

중국에서 특히나 전 국토에 걸친 오염대책을 실천하려면 자금과 인재, 시간이 다른 나라보다 배 이상 필요하다. 차이징의 다큐멘터리에 제시된 개혁방안에 대해서 네티즌의 반응 중 하나는 "차이징은 돔 아래서 살고 있지만 대다수의 중국인들은 경제성장이라는 현실의 벽에 맞닥뜨리고 있다"였다. 13억 인구의 식량 확보, 생계를 위해서 경제성장은 매우 중요한 사안이다. 중국의 한 개 성省은 유럽의 한 나라에 필적하는 면적과 인구를 가진다. 그것들을 균형 있게 통괄하고 전 국민에게 골고루 과실을 분배하는 것은 쉽지 않다.

셋째, 중공업 위주의 산업구조이다. 산시 성 남부 도시 린펀은 세계에서 가장 오염된 도시라는 불명예를 안고 있다. 이곳은 20킬로미터에 달하는 공업지대의 중심부에 있는 공업 도시로, 해마다 인근 산에서 채굴한 석탄 5,000만 톤을 소비한다. 오염이 최악에 달했던 1990년대 말에는 대기 속 오염입자가 100만 개당 600개(세계보건기구 기준은 50개)로 대단히 위험한 수준이었다. 뉴욕 블랙스미스 연구소Blacksmith Institute는 원전 사고로 유명한 체르노빌과 더불어 린펀을 지구에서 가장 오염된 장소 10곳에 포함시켰다. 이곳 주민들은 평생을 스모그 속에서 살았다. 차이징의 다큐멘터리에서 의사인 저우훠춘은 이렇게 말한다.

> 1년 중 며칠만 해를 볼 수 있어요. 우리 마을은 온통 검정색이죠. 빨래를 해도 금방 더러워져서 아무도 옷을 빨지 않아요. 그러니 기생충이 많죠.

그는 대기오염으로 호흡기 질환에 걸린 주민이 해마다 늘고 있다고 말했다. 산시 성의 기형아 출산율은 중국 평균의 6배나 된다. 중국 기형아 평균 출산율은 세계 평균의 3-5배 정도다. 이 원인도 바로 석탄 때문이다.

지난 50년 간 산시 성은 중국 석탄 생산의 1/3을 담당했다. 산업혁명이 한창일 때 영국에서 채굴한 석탄의 두 배에 해당하는 양이다. 그럼에도 중국의 석탄 산업은 상상을 초월할 정도로 급성장하고 있다. 2003-2008년까지 중국 정부는 전기 600메가와트를 생산하는 석탄 화력 발전소를 매주 2개꼴로 지었다. 2008년 중국은 미국과 러시아가 소비하는 양을 합친 것과 맞먹는 규모의 석탄을 태웠다. 석

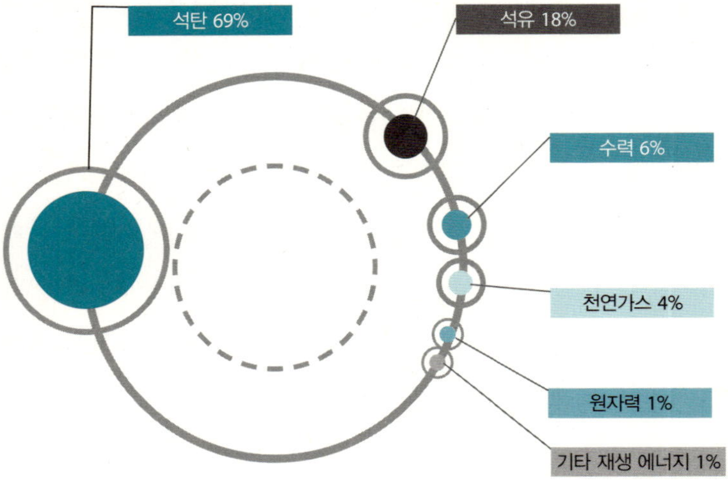

그림 2. 2011년 중국의 유형별 에너지 소비량
중국 대기오염의 해결은 석탄 의존도를 어떻게 풀어갈 것인가에 달려 있다.
출처: 미국 에너지정보국(EIA), 2012, 「국제 에너지 통계」(International Energy Statistics).

탄은 중국 경제발전에 없어서는 안 될 필수 동력이다.

중국의 석탄 매장량은 세계 석탄 매장량의 14퍼센트에 이르며, 이는 세계 3위 수준이다. 북아메리카와 유럽 등 세계 선진국 에너지 구조와 비교했을 때, 중국의 에너지 구조에서 석탄의 비중은 막대하며, 구조적 변화가 필요한 시점이다. 1차 에너지 산업에서 석탄이 차지하는 비중은 무려 70퍼센트 정도로 나타나고 있다(그림 2 참조).

탄광은 비옥한 토지와 초원을 망쳤고 대기 및 수질오염을 유발했으며, 침전물이 강바닥에 쌓이면서 홍수 위험을 높이고 산림 파괴를 가속화했다. 산성비, 스모그, 폐 질환, 수질오염, 지하수 고갈, 중금속 먼지 등 중국에서 가장 심각한 환경문제들의 원인을 거슬러 올라가보면 언제나 그 끝에는 석탄이 있다.

석탄은 지구 온난화의 주범이기도 하다. 같은 양의 에너지를 생산할 때, 석탄은 천연가스보다 80퍼센트, 석유보다 20퍼센트나 많은 이산화탄소를 배출한다. 게다가 이는 탄광에서 나오는 메탄가스(세계 메탄가스 배출량의 절반이 중국에서 나온다)나 석탄층의 자연 발화로 해마다 불타는 석탄 100메가톤은 고려하지 않은 것이다. 중국이 배출하는 이산화탄소의 80퍼센트가 석탄에서 나온다.

아마 중국은 석탄을 완전히 포기할 수는 없을 것이다. 석탄 이외에는 중국의 에너지 수요를 완전히 충당할 대체 에너지가 없기 때문이다. 중국이 석탄이 아닌 다른 모든 종류의 에너지를 최대한 활용한다고 해도 경제성장에 필요한 최소한의 에너지를 다 확보할 수는 없는 게 현실이다. 때문에 중국의 에너지 문제는 석탄을 택할 것인가, 다른 에너지를 택할 것인가의 문제가 아니다. 양쪽을 다 택해야 한다. 그리고 최선의 길은 석탄을 최대한 효율적으로 활용하는 것이다.

넷째, 자동차의 증가다. 중국 대기오염 원인의 핵심요인 두 가지 중 하나는 앞서 언급한 석탄이며, 다른 하나는 자동차 배기가스다. 중국의 자동차 수는 맹렬한 기세로 증가하고 있다. 중국의 연간 자동차 생산과 신차 구매는 모두 2,000만 대를 넘어서 2016년까지 4년째 세계 1위다. 자동차 매연은 석탄에 이어 중국 내 질소화합물 배출량의 2위(27%)를 차지하고 있다. 도시의 경우 자동차 매연이 심각해서 황산화물SO_2 배출량도 기준치를 넘어선 지 오래다. 그럼에도 불구하고 중국의 자동차 매연에 대한 대책은 미온적이다.

중국 정부는 신차 등록 제한, 면허 발급 제한 등 규제에 나서면서 대기오염을 조금이라도 막기 위해 노력하고 있다. 자동차 배기가스 규제의 기준도 유럽의 것을 따라가고 있다. 이 기준을 통과하지 못하는 자동차는 차량등록증을 받을 수 없다.

베이징의 경우는 중국 중앙정부보다 움직임이 빠르다. 자동차 대기오염이 심각하기 때문이다. 자동차 규제를 국가보다도 앞당겨서 강화하며, 배기가스의 주범인 노후 자동차 3만 8,000대를 강제로 폐기했다. 한때 독가스라 불리던 배기가스를 내뿜던 황색 소형 택시는 베이징에서 자취를 감추었다. 동시에 천연가스 차량도 늘어나는 추세이다.

하지만 이러한 각종 규제에도 불구하고 중국의 자동차 판매량은 줄지 않고 있다. 2013년 자동차 판매량은 약 2,200만 대로 전년보다 14퍼센트가량 늘었다.[13] 개별 국가의 자동차 판매량이 2,000만 대를 넘어선 것은 이번이 처음이다. 특히 2013년 12월에 팔린 자동차 수는 213만 대로 월별 최고 판매 기록을 경신했다. 이로써 지난 2009년 미국을 제치고 세계 1위의 자동차 시장이 된 중국은 2위 미국과의 격차를 더 벌리게 됐다. 중국발 자동차 열풍에 힘입어 전 세계 연간 자동차 판매량도 사상 처음으로 8,000만 대를 넘어섰다. 그 많은 자동차들이 중국의 도로 위를 굴러다니며 살인가스를 내뿜고 있는 것이다.

베이징의 공기가 일시적으로 좋아진 적이 있었는데 바로 2008년 올림픽과 2014년 아시아태평양경제협력체APEC 회의를 개최했을 때였다. 특히 APEC 회의가 열렸던 2014년 11월 3일부터 12일까지 베이징의 하늘은 짙은 스모그가 걷히면서 파란색을 되찾았다. 중국 당국은 이를 '에이펙 블루'APEC blue라고 부르며 기뻐했다. 당시 정부는 베이징의 공기질 개선을 위해 차량 2부제를 실시했다.

그러나 APEC 회의가 끝나고 차량 2부제 조치가 해제된 지 얼마 지나지 않아 베이징 지역은 또다시 짙은 스모그에 휩싸였다. 11월 26일, 베이징 지역의 PM2.5 농도는 200-300㎍/㎥로 뛰었고 일부 지역은 무려 800㎍/㎥ 수준까지 치솟았다.

살인 스모그를 불러온 제2의 주범, 정치

2014년 11월 시진핑 중국 국가주석이 '에어포칼립스'airpocalypse에 휩싸인 베이징의 한 지역을 깜짝 방문했다. 시진핑은 주민들과 어깨를 나란히 하고 사진을 찍는 등 소탈한 모습을 보였으며 무엇보다 얼굴엔 마스크를 쓰지 않았다. 이런 시진핑의 과감한 선택은 대기오염 지옥에서 살고 있는 베이징의 시민들과 함께 숨 쉬고 운명을 같이한다는 의지의 표현이었다.

중국 정부는 대기오염과 수질오염, 독성 중금속이 검출된 쌀 같은 식품오염 등으로 국민의 원성이 고조되자 이를 저지하기 위해 광범위한 노력을 벌이고 있다. 그러나 이러한 중국 정부에 대해 미국 『월스트리트 저널』The Wall Street Journal은 환경오염을 근원적으로 막기 위해선 '책임감 없는 일당 독재체제'를 개선해야 한다고 지적했다.

오늘날 중국의 경제성장으로 가속화된 환경 파괴의 역사는 수백 년 전으로 거슬러 올라간다. 미국 외교협력위원회Council on Foreign

Relations의 엘리자베스 이코노미Elizabeth C. Economy가 저술한 『흑색 강의 경제: 중국의 미래를 위한 환경문제들』The River Runs Black: The Environmental Challenges to China's Future에 따르면, 중국의 왕조시대 지도자들은 영토를 확장하는 과정에서 새로 편입된 지역의 자연자원을 착취하여 경제를 발전시켰다. 덕분에 중국의 왕조들은 부유하고 호화로운 생활을 영위했지만 복속된 지역 일대는 기근과 자연재해가 휩쓸었다. 그녀는 "중국의 현재 환경 상황은 오늘날의 정책 선택의 문제일 뿐만 아니라 오랜 세월동안 진화해온 제도, 접근법, 태도의 산물"이라고 결론지었다.

동양 문명의 산실인 중국엔 오래전부터 '자연과 인간은 하나'라는 천일합일이란 사상이 지배해왔다. 서양과 중동에서 수학과 과학을 발전시키고 있을 때 중국 대륙에선 도덕과 문학과 소박한 삶의 전통을 중시하는 삶의 방식을 정착시켰다. 중국 문명의 뿌리는 물질중심, 산업중심으로 성장해온 서양문명과는 극명하게 대비되는 지극히 친환경적인 자연주의의 삶이었다. 하지만 사회주의의 등장 이후 타인을 존중하고 자연과 더불어 자연처럼 살아온 중국인들의 오랜 삶의 방식은 변해가고, 환경 역시 더 이상 공존의 대상이 아닌 '소모품'으로 여겨졌다. 특히 마오쩌둥毛澤東이 취한 농업에 대한 가혹한 조치들로 인해 중국의 자연생태계는 여지없이 파괴됐다.

지금의 중국을 제2의 세계 경제대국으로 성장시키는 초석을 놓은 덩샤오핑鄧小平은 사회주의에 기초를 둔 시장경제체제를 도입, 침체일로를 달리던 중국 경제를 개혁하는 데 박차를 가했다. 그는 1968년의 문화대혁명을 끝낸 뒤 새로운 중국 건설을 위해 '삼보주三

步走'라 불리는 유명한 건국계획을 발표한다. 이는 먼저 인민의 생존을 위한 문제를 해결하고 두 번째 단계로 국민의 생활수준을 중산층으로 끌어올린 뒤 세 번째 단계로 중국의 현대화를 실현하겠다는 세 가지 단계적 발전계획이다.

이에 따라 죽竹의 장막인 중국 시장이 열렸고 과감한 시장경제가 도입됐다. 그 결과 중국의 연평균 산업 생산은 11.4퍼센트 이상 증가했다. 중국은 지금 덩샤오핑의 계획대로 제3보인, 현대화·도시화·산업화의 길을 걷고 있다. 유럽과 미국이 100년, 200년에 걸쳐 이룩한 경제성장을 중국은 단 20년 만에 뛰어넘었다. 그런데 1970년대 이후, 덩샤오핑이 미처 생각지도 못했던 다른 그래프 하나가 무서운 상승세를 타기 시작했다. 그것이 바로 '삼보주' 정책으로 인해 파생된 물, 공기, 토양오염이었다.

덩의 삼보주 개혁과 함께 시작된 분권, 우리나라로 말하면 일종의 '지방자치제'로 인해 중국의 환경오염은 더욱 심각해졌다. 분권화란, 중앙정부가 관할하던 지역통제권을 각 주(성)에 위임하는 것으로, 분권화에 따라 지역발전을 장려하는 향진기업TVEs, Township and Village Enterprises을 신설했다. 1997년, 향진기업의 경제적 규모는 국가 GDP의 약 1/3을 차지했다. 지방정부들은 산업시설과 제조공장들을 감시하지 않았고, 당연히 환경기준은 무시됐다.

원래 서구 자유경제체제 안에서의 환경오염은 기업이 스스로 결정하고 행동해야 하는 기업 결정 요인이다. 하지만 중국과 같이 정부가 주도하는 시장경제체제 안에서는 정치적 거래다. 경제성장률과 성과에만 집착하는 정부는 기업의 바람직한 환경행동을 유도

하는 인센티브를 약화시킨다. 실제로 기업이 쓰레기를 마구 버려서 얻는 이익보다 쓰레기를 줄여서 얻는 이익이 더 적다. 기업이 환경을 오염시키고 받는 처벌보다 생산목표치를 달성하지 못해 당하게 되는 곤경이 훨씬 더 큰 것이다. 그러니 기업이 자발적으로 환경보호에 앞장서리란 기대는 할 수가 없는 상황이다.

중국 공산당은 눈에 보이는 결과 위주로 지방정부를 평가했는데, 그중 하나가 지역의 경제성장 성과가 좋은 관리들을 중앙으로 승진시키는 인사정책을 펼친 것이다. 자연히 환경과 복지 우선 정책을 편 지방정부의 관리들은 상대적인 피해자가 됐다. 즉, 지방정부 입장에서도 경제성장률을 높인 결과에 따른 정치적 이득이 대기오염관리에 진전을 보인 이득보다 더 크다.

지방정부의 관리들은 경제지표를 올릴 수만 있다면 기업이 자연을 파괴하건 오수를 무단 방출하건 전혀 신경 쓰지 않는다. 중앙정부나 베이징의 압력에 의해 오염물질을 배출하는 공장이 문을 닫으면 다른 공장을 세우기에 바빴다. 그 결과 중국의 기업들은 순식간에 막강한 부를 거머쥔 거대한 공룡이 되어 중국 사회 최상위 권력으로 등극했다. 중국 부활의 꿈을 이루어낸 영웅이기에, 지방의 언론과 법원, 정치인들은 그들에게 책임을 물을 수 없는 처지가 됐다.

현재 중국 지방정부와 경제계에는 마오쩌둥과 같은 강력한 권력을 꿈꾸는 마오주의자들로 가득하다. 이 마오주의자들은 자신의 미래를 위해서 가시적인 거대한 계획을 세우고 그것을 성공시키는데 혈안이 되어 있다. 환경문제의 시각으로 중국 사회를 보자면, 오늘날의 중국은 독재와 민주주의의 단점만 모아놓은 격이다. 최고 지도자나 국민이 권력을 쥔 것이 아니라 중간 개발업자, 오염물질을 배출하는 기업, 지방정부 관료들이 권력을 쥐고 있어 책임감을 가지고 자연을 보호하는 주체가 없다.

정부의 강력한 의지가 없으니, 관련법도 허술하기 짝이 없다. 때문에 환경오염으로 피해를 입었다고 믿는 시민이 법정에서 오염의 주체를 상대로 싸우기란 달걀로 바위 깨는 격이다. 특히 오염의 주체가 지방 혹은 중앙정부와 관계가 깊은 기업일 경우는 더욱 그렇다. 중국 중앙정부와 지방정부는 오염문제를 다루는 데 매우 억압적 방법을 써왔다. 중국은 부정적인 환경 관련 보고서들을 '국가 기밀'이란 꼬리표를 붙여 은폐하거나, 사전 검열, 통제, 삭제 조치 등을 일삼았다. 그뿐 아니라 환경운동가들의 조사활동을 방해하거나 투옥하고 정부의 공식인가를 받은 기관에만 환경 관련 활동의 독점적 권한을 부여하는 식으로 환경법 집행을 강력하게 통제해왔다.

그러던 중국이 심각한 대기오염으로 궁지에 몰리자 다급하게 환경관련 5개년 계획을 발표했다. 2013년 12월, 국가발전개혁위원회国家发展和改革委员会는 첫 번째 기후 관련 전국 청사진을 발행했으며, 2020년까지 달성해야 할 목표를 제시했다. 2014년 1월 이래로, 중앙정부는 지방정부 소유로 된 기업을 포함하여 1만 5,000개의 공장을 상대로 실시간 매연 및 폐수 배출에 대한 보고서를 제출할 것을 요구했다.

또한 매달 '환경법 시행주간'을 도입하고 환경보호법도 개정했다. 환경오염을 일으키는 회사나 개인에 대한 처벌이 한층 엄격해졌으며, 지방 관료들은 대기오염문제를 해결하기 위해 더 노력을 기울이도록 명시한 법안이었다. 경제성장과 환경보호 사이에 적절한 균형을 도모하는 지방정부는 대기오염과의 전쟁에서 '상당한 성과'를 보인 경우, 특별 기금 등을 인센티브로 받게 될 것이라는 내용도 포함되었다. 5년에 걸쳐 2,750억 달러라는 파격적인 규모의 공기정화 예산 편성도 약속했다. 이 금액은 홍콩의 GDP와 맞먹는 금액이며, 중국 국방예산의 2배나 된다.

하지만 아무리 많은 돈을 쏟아부어도, 아무리 강력한 법이라 해도, 이 법을 직접 시행해야 하는 지방정부와 중간 관리층의 인식이 변하지 않는 한 환경문제는 해결되지 않는다. 그들 스스로가 환경을 보호하는 것이 지역과 기업을 위한 장기적인 투자이며, 국민의 신뢰를 얻는 길이라는 확신을 가져야만 가능한 일이다. 하지만 지방정부의 관료들은 베이징의 환경오염과 이를 위한 대안에 별로 관심이 없다. 지금도 그들의 최우선 과제는 경제성장을 위한 에너지와 자원 집중이다. 이런 상황에서 어떤 조치가 중국의 공기를 깨끗하게 만들 수 있을까 하는 의구심이 든다.

주저하는 중국 정부, 동요하는 대륙

환경대란으로 인한 비관적인 사회적 분위기를 감지한 시진핑 국가 주석과 리커창李克强 총리는 경제성장을 이끈 주역인 중공업에 우선 순위를 두었던 40년간의 경제 모델을 청산하고, '오염과의 전쟁'을 선포했다. 2014년 전국인민대표대회에서 '오염과의 전쟁'을 공식 선포한 리커창 총리는 다음과 같이 폭식경제의 한계를 인정했다.

> 중국의 많은 지역이 스모그의 영향을 받고 있다. 환경오염은 주요한 문제가 됐다. 성장 우선의 비효율적인 개발만을 중시한 결과 자연이 빨간 경고등을 켠 것이다.

전쟁도 전염병도 아닌 환경오염이 국가 최고 지도자에 대한 신뢰를 흔들 만큼 강력한 위협이 될 수도 있다는 낯선 경험, 그 앞에서 중국 정부는 지혜롭게 사전 전면 조치로 위기를 탈출하고자 한 것이었다. '오염과의 전쟁'을 선포한 뒤, 중국의 지도부는, 철강, 시멘트, 유리 제조 공장과 같은 산업시설들에 생산량을 감축하라고 압박하고 있다. 지난 20년간 '용의 부활'을 꿈꾸었던 중국 정부가 국가적 차원의 전폭적 지원으로 성장시켜왔던 기업들, 하지만 이제는 '용의 추락'을 막기 위해 성장을 억제시켜야만 하는 경계대상 1호가 됐다.

시진핑의 이러한 조치로 가장 큰 타격을 받은 곳은 베이징을 둘러싼 산업 벨트다. 허베이 성의 샤허 시沙河市는 베이징 남쪽으로 320킬로미터 정도 떨어져 있는 산업도시로 21세기 중국의 경제성장을 주도했던 곳이다. 10년 전, 노동자들이 샤허 시로 물밀 듯 들어왔다. 유리도시라 불렸던 이곳은 전국에서 판유리를 사러 온 사람들로 북적거렸다. 도시는 활기를 띠었고 그만큼 중국 경제도 쭉쭉 성장했다. 2008년 세계 경제위기 때에도 타격이 크지 않았고, 덕분에 샤허 시는 그해에 15퍼센트 성장할 수 있었다.

하지만 중국의 환경규제가 엄격해지면서 이곳의 유리 회사들은 하나 둘 문을 닫고 공단을 떠나고 있다. '환경오염통제'에 관한 정부의 요구를 맞닥뜨렸지만, 변화에 유연하게 대처하기엔 시간이 촉박했다. 일부 유리 생산 업체들은 오래된 설비들을 해체해서 고철 조각을 팔아넘기거나 폐쇄된 공장에 새로운 설비들을 들여왔다. 당연히 이전보다 오염물질 배출이 낮은 설비들이다. 한 공장에서는 200여 명의 직원들이 해고당하기도 했다. 한때 70여 개나 되던 샤허 시의 유리 공장은 이제 30여 개로 줄었다.

허베이 성의 철강 업체들도 치명적인 타격을 입었다. 허베이 성은 중국에서 가장 큰 철강 생산지로 중국 생산량의 1/4 정도를 차지하고 있다. 중국 정부는 오염물질 배출의 핵심 분야 중 하나인 철강 생산을 억제하도록 압박했다. 이들은 정부에서 요구하는 환경기준을 충족시키든지, 아니면 문을 닫아야 하는 상황이다.

그런데 이들 기업이 문을 닫게 된다면 하루아침에 많은 노동자들이 거리로 나앉게 될 것이다. 실업은 정권의 안정을 위협하는 요소다. 해마다 700만 명이 넘는 대학 졸업자를 사회 불만 세력으로 돌리지 않으려면 연간 1,000만 개의 일자리를 만들어내야 한다. 일자리를 창출하고 경제를 성장시키려면 공장 가동을 멈출 수 없고, 그렇게 되면 환경문제 해결은 요원해진다.

한편, 국제 도시 베이징엔 국제 행사가 끊이질 않는다. 국제 행사가 열릴 때 중국 정부가 제공하는 최고의 영접은 발밑에 붉은 양탄자를 깔아주는 게 아니라 무슨 수를 동원하든 베이징에 깨끗하고 맑고 파란 하늘을 깔아 놓는 것이다.

2014년 APEC 정상회담이 베이징에서 개최되었을 때, 아시아·태평양 지역 각국 정상들이 이곳에 모였다. 중국 정부는 환영의 의미로 '베이징 블루'를 약속했다. 교통량을 줄이고 일시적으로 철강 공장과 석탄 발전소를 중지시켜서 정상회담 기간 동안 베이징은 청명한 하늘을 유지했다. 그러나 경제활동은 휴면 상태가 되었고 막대한 경제손실이 발생했다. 2008년 베이징 올림픽, 2014년 유스 올림픽 때도 마찬가지였다.

중국 정부는 2008년 베이징 올림픽을 앞두었을 때도 대기질을 향상시키기 위해 각고의 노력을 기울였다. 베이징 당국은 거대한 강철 제조 공장을 도시 밖으로 이동시켰고, 석탄 난방시설을 도시가스 난방으로 교체했다. 트럭의 매연 배출기준을 강화했으며, 지하철과 버스 노선을 신설했다. 사막의 무서운 모래먼지 폭풍을 맛본 뒤 중국 수도의 모니터링 기관들은 PM10까지 미세먼지 입자를 측정하기 시작했고, 이 미세먼지는 조림을 한 덕분에 감소세로 돌아섰다. 중국은 석탄 난방을 줄이고 매연 배출기준을 강화한 결과, 이산화황 배출을 많이 감소시키는 데 성공했다.

환경을 고려하는 정책적 움직임은 확실히 중국의 경제성장 속도를 늦추고 있다. 주춤한 중공업과 제조업의 실적은 세계에서 2번째 경제대국을 25년 만에 가장 느리게 성장하는 국가로 후퇴시킬지 모른다는 위기감이 팽배하다. 수출은 부진하며 제조업은 압박을 받고 있다. 줄지어 문을 닫는 공장들로 인해 중국 경제의 회복 가능성은 요원해지고 있다. 중국 정부로선 딜레마가 아닐 수 없다. 환경보호와 경제성장은 서로 다른 방향으로 중국의 경제와 정치·정책을 팽팽한 긴장 상태로 몰아가고 있다.

그러나 과연 환경보호와 경제성장은 동전의 앞뒷면처럼 서로 다른 방향으로만 달리는 것일까. 사회지표 조사기관인 랜드Rand Corporation는 조금 다른 견해의 조사결과를 발표했다. 2015년에 발표한 「대기오염이 건강에 미친 영향과 노동생산성 손실」 보고서에서 중국의 대기가 맑았던 2012년의 경우를 예로 들어 "대기오염을 해결하는 것만으로도 매년 약 5,000억 달러 이상의 수익이 있다"고 추산했다. 즉, 실업이나 경제성장 위축이 두려워 환경오염문제를 방치했다가는 그보다 더 큰 경제적 손실을 감수해야 한다는 사실을 지적한 것이다.[14]

문제는 중국 정부와 기업들이 환경보호를 손실로 보는가 이익으로 보는가에 있다. 중국 환경보호부는 중국 환경계획연구소를 통해 그들 자체의 '그린 GDP'를 계산했는데[15] 2004년을 기준으로 환경처리비용이 5,118억 위안에 달할 것으로 전망했다. 당시 중국 GDP의 3.05퍼센트를 차지할 만큼 큰 액수였고, 중국 정부는 이 사안에 대해 매우 민감하기 때문에 2006년부터 공개하지 않고 있다.

2007년 세계은행은 중국에서 오염으로 인한 환경비용이 중국 GDP의 5.8퍼센트라고 추산했다. 이를 GDP 성장률에서 빼면 중국 GDP 성장률은 유럽이나 미국과 비슷한 수준으로 떨어진다. 하지만 세계은행이 내놓은 환경비용 수치는 실제보다 적게 추산된 것이다. 70만 명에 이르는 환경오염으로 인한 연간 사망자 수, 인프라와 농작물 피해만을 고려했다. 사막화, 토양오염, 각종 오염을 감안해 환경비용을 계산하면 중국의 경제성장률은 마이너스로 떨어진다. 즉, 실제로는 고속성장을 하고 있다고 믿어온 중국경제가 여전히 후퇴일로를 걸어왔다는 결론에 이른다. 여기에 기후변화와 자원 고갈까지 고려하면 중국의 환경문제가 2008년 세계 경제위기의 원인이라고도 할 수 있다.

2014년 3월 13일, 중린 자산평가연구소Zhonglin Assets Appraisal Co. Ltd.도 비슷한 조사결과를[16] 발표한 바 있다. 이에 따르면 베이징의 교통체증은 매년 경제활동의 100억 달러의 경제손실을 초래하고, 70억 달러의 환경적 피해를 발생시키고 있다. 또한 하이 스모그를 꺼리는 외국인들의 발길이 줄어들면서 2013년에는 베이징 연간 외국인 방문객의 수가 10퍼센트 감소하였다.

물론 중국이 환경문제를 아예 외면하고 있는 것은 아니다. 베이징 스모그가 생기기 전에도 정부는 20건의 중요한 환경법을 통과시켰고, 수만 가지의 법령을 발표했다. 2008년 환경보호부가 설립됐으며, 2012년 공산당 콘퍼런스에서는 환경을 4번째 '플랫폼'으로 추가했다. 하지만 한편으로는 막대한 환경비용으로 인해 눈앞에 보이는 성장이 비틀거리는 것을 우려하고 있다. 리커창 총리는 취임연설에서 중국의 복잡한 속내를 이렇게 표현했다.

> 환경이 파괴되는 대가로 얻는 번영과 부는 결코 중국에 좋지 않을 것입니다. 하지만 맑은 물과 신록이 우거진 산림을 위해 빈곤으로 후퇴하는 것도 좋지 않습니다.

중국 정부는 여전히 과감한 환경 조치 시행에 주저하고 있고 그런 중국을 압박이라도 하듯 전국에선 대형 사고들이 줄을 이었다. 2013년 11월에는 칭다오靑島에서 석유관 폭발로 인해 100여 명의 사상자가 발생했다. 원인은 지방정부의 잘못된 환경영향평가였다. 장쑤 성의 지방 환경보호 사무국은 비공식적인 채널을 통해 다음과 같이 폭로했다.

> 지방정부, 평가기관, 그리고 사업 개발자를 포함한 모든 산업이 그릇된 환경영향평가를 바탕으로 성장하고 있다.

중국의 환경 저널리스트 류지안창刘鉴强도 다음과 같이 환경사고

를 예견한 바 있다.[17]

> 중국에서 허위로 환경영향평가를 계획하고 평가하는 것은 흔한 일이며, 그로 인해 중국에는 시한폭탄이 널려 있다.

최근 중국 정부의 환경보호 관련 조치들은 스스로 그 중요성을 알아서 접근하고 있는 것이 아니라, 환경오염의 희생양이 되어버린 국민들이 거세게 항의하자 이에 대한 응급조치로 행동에 옮기게 된 수동적 성격이 강하다. 그러다 보니 실제 시행 과정에서 형식적인 면에 치우치는 경향이 강하다. 이러다간 '베이징 블루'는 옛날이야기 속에나 나오는 추억으로 전락하고, 중국 대륙은 오염물질과 독가스로 뒤덮인 불모지로 전락하고 말 것이다.

서방에서는 종종 중국의 최고 이점 중 하나로, 지도자들이 민주적 시스템이 결코 흉내 낼 수 없는 강력한 정책을 시행할 수 있다는 점을 꼽는다. 하지만 환경문제에 있어서 중국 정부는 서방이 보고 싶어 하는 그 '강철 주먹'iron fist을 쓴 적이 없다.

지방 관료들은 중앙정부의 환경정책이 맘에 들지 않으면 그 정책을 무시해버린다. 대개 기업들을 소유한 큰 주의 지방 관료들은 그들을 감독하는 중앙정부보다 더 막강한 권력을 가지고 환경오염을 방관하고 있다. 지역의 회사와 지방정부 간에 오가는 비밀스런 후원 시스템이 힘을 발휘하는 것이다.

그렇기에 중앙의 영향력이 곧바로 지방 관료들에게까지 영향을 미치게 하려면 강력한 법적 규제로 밀어붙여야만 한다. 시진핑 국가주석은 지방 관료들에게 환경오염에 관한 처벌은 그 직무를 떠난 이후에도 엄격하게 묻겠다고 압박하고 있다. 그만큼의 인사보상도 있을 것이라고 약속했다.

그럼에도 불구하고 별 효과가 없다. 미국 국가경제연구소America's National Bureau of Economic Research의 연구에 따르면, 2000-2009년 사이 환경정책에 투자한 시장들은 인프라에 투자하여 경제성장에 이바지한 시장들보다 승진 기회를 잡지 못한 것으로 드러났다.[18] 결국 지방에서는 경제성장이 가장 중요한 1순위이며, 중앙에서도 겉으로는 환경보호 공헌자를 우대한다고는 하면서 실제로는 경제성장에 도움이 되는 이들의 손을 잡아주고 있는 실정이다.

이제 베이징 시민들을 비롯한 많은 사람이 중국을 영원히 떠날 생각까지 하고 있다. 이곳에서 아이를 키워야 하는 부모들의 고민은 날로 깊어지고 있다. 브룩 라머Brook Larmer 부부는 2010년경 베이징으로 이사를 왔다. 부부는 중국 관련 언론 전문가였기 때문에 지금까지 중국에 체류 중인데, 베이징에서 첫아들도 낳았다. 라머 부부가 시시각각 변해가는 베이징의 대기오염을 체감하며 가장 염려하는 것은 아들의 건강이다. 그래서 학교에 보낼 때마다 마스크를 씌워 보내고, 되도록 공기 정화기가 있는 시설에서 지내도록 조치를 취하고 있다. 이들 부부의 염려는 절대 극성이라고 할 수 없다. 심지어 베이징 시장은 2015년 1월, 다음과 같이 말했다.

> 이 도시에서는 사람이 살 수 없습니다.

자녀에 대한 애정은 만국 공통이다. 라머 부부는 베이징의 부모들이 자녀들을 대기오염으로부터 보호하기 위해 가능한 최선을 다하고 있으며 참다 못한 부모들이 비교적 공기가 깨끗한 지역으로 이사를 간다고 전하며 결국 그들 가족도 상하이 이주를 결정하지만, 상하이 역시 안심할 수 있는 수준이라고 단언하기는 어렵다. 다만 베이징에 비해서 하이 스모그 시즌이 조금 적을 뿐이다.

2015년 4월 브룩 라머는 『뉴욕타임스』The New York Times에 베이징 체류기를 기고하며 상하이로 이사를 갈 수 밖에 없었던 이유를 다음과 같이 밝히고 있다.

> 지금 나는 중국 동부의 심각한 공해를 피해 아들 둘과 함께 고향 애리조나로 폐 세척 휴가를 왔다. 그러자 다섯 살짜리 아들이 내게 물었다. "아빠, 하늘은 항상 이렇게 파래요?" 베이징에서 대부분의 생애를 보낸 아이가 배운 첫 중국어는 '우란', 즉 공해다.
>
> 주로 베이징에서 하늘을 보며 산 아들 방 천장에는 푸른색 바탕에 은하수의 별 사진을 붙여놓았다. 혹시나 하늘이 원래 회색이라고 생각을 할까 걱정이 됐다. 상하이의 밤하늘을 보면서 '별이름 맞추기 앱'을 보면 보이지 않는 별들이 부지기수다. 그 보이지 않던 별들이 이곳 애리조나에서는 다 보인다.…[19]

이들의 이야기를 들어보면 머지 않아 베이징을 출발점으로 한 거대한 인구이동이 시작되지 않을까 하는 생각을 하게 된다. 중국 대륙 안에서 끝날 일이면 모르겠지만, 능력만 있다면 이들은 근본적인 안전을 위해 국외로 눈을 돌릴 것이다.

상하이에 기반을 둔 연구조사기관인 후룬胡润의 2014년 보고서에 따르면 160만 달러 이상의 자산을 소유한 중국인 부유층의 약 2/3가 환경과 관련된 문제를 가장 주된 원인으로 중국을 떠났거나 떠날 계획이 있는 것으로 확인되었다.[20] 중국은 더 이상 사람이 안전하게 삶을 영위할 수 있는 곳이 아니라는 결론에 이른 것이다.

BEIJING SMOGEDDON

PART 2

베이징 스모겟돈과의 사투

에어포칼립스,
베이징 시민의 하루

39세의 직장인 후 리는 그녀가 대기의 색으로 자신이 집에서 어느 정도 가까워졌는지를 가늠하고 있다는 사실을 알고 경악했다. 톈진에서 베이징까지 지난 주말 시속 140킬로미터로 운전하면서 그녀는 백색의 지평선이 서서히 짙은 회갈색 안개로 변하는 것을 보며 숨을 들이켰다. 후 리는 베이징에서 10년 정도 살았으며, 그중 2013년 1-2월은 그녀가 겪은 최악의 대기오염 상태였다. 이로 인해 그녀의 남편은 기침을 해댔으며, 7세 된 딸은 외출 금지령이 내려졌다.

> 남편과 저는 이곳에서 일하기 때문에 이곳에서 살 수밖에 없습니다. 하지만 선택이 가능하다면, 우리는 베이징을 떠나고 싶습니다.[21]

공기질은 미국 대기오염 지수AQI, the US Air Quality Index를 기준으로

0부터 500까지 단위로 측정한다. 물론 이 측정은 기계로 하지만, 베이징 사람들은 측정기가 없어도 경험적으로 현재 AQI가 어느 정도인지 가늠이 가능하다.

수평선 위로 얇은 회색 거즈 같은 것이 떠 있으면 AQI가 100인 것이다. 고개를 들었을 때 바로 머리 위의 하늘만 보이면 200이며, 스모그가 태양을 가려 도시가 어두컴컴해지면 300이다. 그런데 지난 2013년 1월 12일에는 최악의 기록인 AQI 755를 기록했다. 이때 공기는 산업 매연과 같아 화학물 냄새가 나고 최루탄을 쏘인 것처럼 눈물이 쏟아지는 매운 연기였다.

어떤 날엔 인공위성 사진에 유독성 스모그 구름이 찍히기도 했다. 대기오염이 가장 심각했던 2012년 12월에는 그 영향이 남쪽으로 1,700킬로미터까지 미쳐 구이양까지 남서 고속도로가 폐쇄됐다. 1월의 스모그가 박차를 가하여 일본까지 가자, 일본 당국은 서부 도시의 주민들에게 경보를 내렸다. 중국 스모그의 행적은 멀리 떨어진 미국 캘리포니아에서도 탐지된다.

2013년 1월, 한 달간 심각한 대기오염이 한바탕 지속되자 중국 네티즌들 사이에서 '자연의 복수'라는 말이 나오기 시작했다. '에어포칼립스'(종말의 대기오염-airpocalypse) 또는 '에어마겟돈'(대기의 최후의 결전-airmageddon)이란 신조어도 등장했다. 이때부터 베이징 시민들의 대기오염에 대한 생각이 완전히 달라졌다. 즉, 베이징의 대기오염은 국가가 유발한 유독 가스라고 생각하기 시작한 것이다.

예일대 산림환경대학원 교수인 엔젤 쉬Angel Hsu는 지난 2년간 중국에서 가장 인기 있는 마이크로블로그인 웨이보weibo.com에서 사용된 'PM2.5'라는 용어를 추적했다. 2011년 1월에는 이 용어가 200번 정도 사용되었다. 그런데 2013년 1월에는 약 300만 번으로 치솟았다. 그만큼 대기오염에 대한 국민의 관심이 높아졌다는 의미이다.[22]

중국에서 PM2.5란 용어는 의학적 무게를 지닌 상징적 단어이다. 중국의 젊은 네티즌들은 대기 필터 마스크를 쓴 자신을 SNS에 공개한다. 이제 마스크는 패션이 되어 트렌드가 형성되기 시작했다. 2013년 2월의 인기 마스크는 핫핑크색이었다. 지난 2013년 봄, 상하이에서는 PM2.5를 주제로 락 뮤직페스티벌이 열렸다. 〈베이징, 베이징(거대한 안개 버전)〉이란 뮤직비디오는 바이러스처럼 웹사이트에 퍼졌다.

> 이 안개에서 누구를 찾으란 말인가
> 이 안개에서 누가 눈물을 흘리는가
> 이 안개에서 누가 사는가
> 이 안개에서 누가 죽는가

뮤직비디오는 도로를 기어가는 차들의 이미지를 배경으로 매연과 스모그로 질식 직전인 사람들을 보여주며 나지막이 종말적인 가사를 읊조린다.

중국의 대기오염 수치가 최고치를 경신하면서, 중국인들은 정부의 우선순위가 무엇이어야 하는가, 경제성장을 위해 과연 시민의 목숨까지도 담보해야 하는가를 묻기 시작했다. 최소한의 안전한 생존권을 요구하며 정부의 즉각적이고도 확실한 대안을 요구하는 시위와 탄원이 연일 끊이질 않고 있다. 이렇듯 오늘날 중국의 대기오염은 중국에서 민심의 동요를 일으키는 가장 큰 불안요인으로 등장했다.

한편, 기나긴 겨울 베이징의 스모그 시즌 중에 청명하고 파란 하늘을 볼 수 있는 날은 구정이다. 900만 대의 차량이 줄을 지어 고향으로 향하고, 매연을 뿜어내던 공장들도 문을 닫고 노동자들은 휴가를 떠난다. 그러나 그때뿐이다. 구정이 끝나면 곧바로 스모그가 다시 시작된다.

전문가들은 2013년 초의 대기오염 사태는 일시적 한파가 닥쳐서 어마어마한 양의 석탄이 사용되었기 때문이라고 지적한다. 문제는 뒤이은 기온 역전 현상으로 배기가스가 따뜻한 공기층 밑으로 갇혀버린 것이다. 북동풍이 불어와 베이징 하늘에 고여 있는 스모그를 바다로 날리는 동안 해는 중천에 떠 있었지만, 베이징은 마치 이른 저녁시간처럼 어둑어둑했다.

베이징 시 정부는 대기오염을 줄이기 위해 일시적으로 공장을 닫고, 공공기관 차들은 운행하지 말 것을 명령했다. 정부 선전 기관은 대중의 불안과 동요를 불러일으키는, 공포감을 줄 수 있는 대기오염 보고서들을 모두 폐기했다.

그러나 중국의 언론들은 이 대기오염의 종말적 위기에 대해 자유롭게 보도했다. 상하이의 환경보호국은 AQI 보고와 관련한 만화를 제작했다. 만화에서는 큰 눈을 가진 소녀가 AQI 지수가 '좋음' 상태일 때는 초록 머리에 웃는 모습을, 스모그로 인해 지수가 높아지면, 밤색 머리에 눈물을 흘리는 모습을 보여준다.

시민들은 각자 나름대로 보호책을 강구하기 시작했다. 베이징에서는 공기정화기가 불티나게 팔려나갔다. 이제 베이징에 사는 사람에게 공기정화기는 세탁기나 컴퓨터처럼 필수 가전제품이 되었다. 베이징의 한 가전업체의 경우 2013년 1월, 한 대에 우리 돈으로 170만 원이 넘는 공기정화기를 50대나 팔았다. 170만 원이란 돈은 베이징 직장인 평균 월급의 2배나 되는 큰돈이다. 그럼에도 불구하고 이런 고가의 공기정화기를 사들이는 이유는 단 하나, 안심하고 숨을 쉬어야 하기 때문이다.

또 대기오염을 스스로 꼼꼼히 체크하기 시작했는데, 실내 공기오염을 측정하는 퓨어리빙차이나Pure Living China라는 작은 회사의 상하이 지부장인 루이챙은, 일련의 대기오염 상황으로 인해 회사 홈페이지의 방문자 수가 급증하면서 수십 번이나 시스템 오류가 났다고 한다. 챙이 이 회사에서 일을 하게 된 것은 3년 전이다. 그의 친구가 천식으로 고생하는 딸을 위해 실내 공기오염 측정을 하고자 했지만, 적당한 회사가 없었고, 친구는 해외로 떠났다. 챙은 친구의 이야기를 들으며, '실내오염 측정이 중국에서 꽤 수요가 있겠다' 생각했는데 불행히도 그의 예상은 적중했다. 회사 고객은 1월부터 3배로 늘어났고, 지금은 상하이와 베이징의 국제학교 절반이 이 회사의 고객이다. 현재 회사 규모로는 수요를 따라갈 수 없을 정도로 공기오염 측정이 일상화되고 있다 .

더 많은 식량보다 '안전하게 숨 쉴 수 있는 공기'를

대기오염으로 인한 중국 국민들의 분노는 극에 달했다. 일상생활에 심각한 지장을 주는 스모그가 계속되면서 성난 시민이 인터넷에 정부 정책을 신랄하게 비판하는 공개서한을 줄 이어 올리고 있다. 가장 먼저 화제가 된 인물은 허난 성의 수도인 정저우 시鄭州市에 사는 리궈파李國發(59세. 전직 언론인) 씨로, 그는 2014년 11월 19일 인터넷에 「정저우 시장 마이馬懿에게 보내는 공개서한」을 올렸다.

리궈파 씨는 편지에서 "시장인 당신과 시 정부의 스모그 관리에 불만이 많다. 시 정부 최고 지도자는 시민의 바람을 지켜야 하고 지역 총생산과 재정수입이 줄더라도 대기오염을 뿌리 뽑아야 한다"고 주장했다. 그는 이어 "이렇게 하면 시장의 개인 업적을 쌓는 데 도움이 안 되고 지방재정은 넉넉지 않겠지만 이는 시민의 생명과 안전, 건강과 비교하면 하찮은 것들이 아니냐. 오염물질 배출 기업들을 단호히 폐쇄하고 차량 2부제 운행 등에 대해 시장이 결단을 내려야 한다"고 촉구했다.

평범한 시민 리궈파 씨가 보복을 두려워하지 않고 지방 최고 권력자를 상대로 용기를 내서 따끔한 지적을 하자 중국 네티즌들의 반응은 뜨거웠다. 수많은 네티즌이 그의 편지를 언급했고 당황한 정저우 시장은 이튿날 시 정부 홈페이지를 통해 공개답장을 내놨다.

> 지난 2년간 스모그 퇴치를 위해 동분서주했지만 시민의 기대에 못 미친다는 질책을 무겁게 받아들인다. 정부는 대기오염 개선에 더 노력할 것이고 사회 각계각층의 비판과 건의를 언제든 환영한다.

그러나 리궈파 씨는 이에 대해 다음과 같이 대답했다.

> 시민이 시장에게 스모그 문제를 호소하는 것은 합리적인 요구이고 현재까지 외압은 받지 않았다. 이런 스모그가 계속되면 살 수 없으며 시민이 바라는 것은 답장이 아니라 체감할 수 있는 결과다.[23]

2012년 10월, 닝보 시宁波市에서 기존 석유화학 공장에 약 89억 달러를 투자해 시설을 확장한다는 사실이 알려지자 시민들의 반대 시위가 시작됐고 결국 프로젝트는 연기됐다. 몇 달 후, 한 공장이 유해 화학물질 39톤을 지역 상수도원에 흘려보낸 산시 성에서도 분노한 시민들이 격렬하게 항의했다.

2013년 쿤밍 시에서는 화학 공장 건설을 둘러싸고 주민들이 들고 일어났다. 이들의 시위는 한 글자 항의文子抗議로 유명했는데, 행북신성 금원거주구杏北新城 錦圓居住區 주민 수백 세대에서 1미터 길이의 천에 '취'臭라고 적어 아파트 베란다에 일제히 내걸었다. '취' 자는 일반적으로 '냄새'라는 뜻이지만, '구린내가 몹시 지독하게 난다', '더럽다', '썩다', '무가치하다', '추악하다' 등의 뜻도 담고 있다.

시민의 위력은 점점 커지고 있다. 2013년 2월 『인민일보』 영문판People's Daily은 시민들이 '정부가 해결해주기 바라는 첫 번째 이슈'가 '환경'이었다고 발표했다. 이 발표가 있은 뒤 지방정부들은 환경보호를 전제로 한 개발정책을 펼치겠다고 발표했고, 3월에는 리커창 총리가 환경오염에 대해 더 나은 해결을 보여주겠다고 공약했다.

하지만 이러한 중앙정부의 태도를 액면 그대로 '경제성장과 환경보호에 대한 중국 정부의 달라진 인식 변화'라고만 보기에는 시기상조라는 것이 전문가들의 의견이다. 그 이유 중 하나가 환경오염을 견디다 못한 시민들이 벌이는 시위를 중국 정부가 어떻게 보고 있는가 하는 것이다. 2000년 말부터 도시와 시골을 가리지 않는 시민의 환경 시위가 계속되고 있는데, 중국 정부 지도부가 이러한 시민들의 동요와 사회적 불안을 당의 권위에 대한 위협으로 여기고 있는 것처럼 보인다. 그래서 환경문제를 근본적으로 해결하려는 의지보다는 단순히 성난 국민의 불만을 단속하는 것에 더 집중하고 있다는 느낌이 짙다.

허베이 성
첫 환경오염 피해보상 소송의 의미

2014년 2월에는 허베이 성의 성도인 스좌장 시石家莊市 환경보호국에 소송을 건 한 시민의 이야기가 보도됐다. 이 소송은 중국에서 시민이 정부를 상대로 오염에 대한 피해보상을 요구한 첫 번째 소송으로, 리구이신李貴欣이란 이름의 소 제기자는 "지방자치정부의 환경보호국이 법대로 대기오염을 통제하지 않았기 때문에 소송을 걸었다"고 밝혔다. 리구이신은 대기오염으로 인한 피해보상도 원하고 있다. 대기오염으로 인해 건강이 위협당하고 있을 뿐 아니라 경제적 손실도 입었고 그 모든 것이 기업으로부터 세금을 받고 정부와 환경보호국이 오염을 용인했기 때문이라는 것이다.

리구이신은 언론과의 인터뷰에서 공기 정화를 위해 여러 조치를 취했으나, 어떤 것도 스모그의 치명적 독성으로부터 보호해주지 못했다고 토로했다. 그가 요구한 보상금액은 1만 위안 남짓. 실제 피해금액을 보상받기 위해 시작한 소송이라기보다, 시민이 대기오염의 진짜 피해자임을 알리고 싶었다고 심경을 밝혔다.

그린피스 동아시아 지부의 기후 에너지 전문가인 리얀은 이 사건을 시작으로 소송이 폭발적으로 증가하여 베이징 주변의 성들이 대기오염문제를 해결해야 하는 압박을 받게 될 것이라고 예상했다.

> 베이징 시민들만 대기오염으로 고통 받는 것이 아닙니다. 중국 주요 도시민이 모두 같은 이유로 고통 받고 있습니다. 중국과 국제 언론은 허베이 성의 성도 스좌장 시의 첫 소송을 주목해야 합니다. 스좌장 시의 환경문제는 정말 심각하기 때문에, 이 사건을 지켜보며 이 소송이 어떤 결과를 가져올지 주목해야 합니다.[24]

이후 소송과 관련해서는 어떤 공식 자료도 발표되지 않고 있다.

한편, 최근에 전 정치입법위원회 수뇌부 중 한 사람이었던 첸지핑도 '중국 최대의 사회불안 요인은 더 이상 영토분쟁이 아닌 오염'이라고 언급한 바 있다. 블룸버그 통신은 그의 말을 인용했다.

> 대형 사건사고들의 주요 원인은 환경 때문이다. 모든 이들이 이제 이 문제를 염두에 두고 있다. 만약 누군가가 당신이 사는 지역에 공장, 발전소를 세우기 원한다면 이 공장은 암을 유발할 게 자명하고, 당신이라면 당연히 들고 일어나지 않겠는가?[25]

2014년 1월 지방 당의회에서 국가의 대기를 청소하자는 의견이 경제성장을 유지하자는 입장만큼이나 관심을 모았다. 허베이 성 지사는 지역 내 기업들에게 만일 철강, 유리, 시멘트를 1톤이라도 목표치보다 많이 생산하면 당비서와 산업관리자들을 해고하겠다고 압력을 넣고 있다.

하지만 개미군단이라 불리는 허베이 성 내의 수많은 사업자가 환경보호론자들에게 낙관적인 변명을 늘어놓고 있으며, 공장들은 오염물질 배출기준의 한계선을 보란 듯이 뻔뻔하게 넘나들고 있다.

허베이 성은 중국 환경문제 해결의 교두보다. 그럼에도 불구하고 모든 사람이 대기오염 방지를 향한 허베이 성의 대수술을 찬성하지는 않는다. 며칠 연속 두꺼운 잿빛 스모그가 허베이에 머물고, 공기 중에는 유황 냄새까지 났던 어느 날, 희미한 연기 속으로 두 남자가 뒤엉켜 싸우는 풍경이 포착됐다. 허베이 성 탕산 시唐山市 외곽의 한 공장 노동자가 자전거로 출근하는 도중에 대기를 가득 채운 매연과 공장에서 뿜어져 나오는 연기를 촬영하는 기자에게 분노하며 시비를 건 사건이 발생했다. 그는 기자에게 달려들어 강력하게 항의했다. 그는 연일 보도되는 허베이 성의 환경오염에 대한 폭로 기사로 인해 직장을 잃게 될까봐 두려워했다.

하지만 이런 불안감에도 불구하고 대중의 마음은 서서히 환경보호로 기울고 있다. 철강 공장에 가까운 청다 주변 우시추앙 마을吴事庄村은 공장이 생긴 후 환경오염으로 극심한 고통을 받고 있다. 폐질환자들이 늘었으며, 농작물은 시름시름 병들어 죽어갔다. 과수원의 사과와 배는 검게 변해서 판매할 수가 없게 되었고 차는 전날 세

차를 해도 아침이면 새까만 먼지를 두껍게 뒤집어쓰곤 했다. 마을 사람들 중 상당수가 주변 공장에 고용되어 있었지만 점차 분노하기 시작했다.

이런 상황이 계속되자 마을 사람들은 정부에 관련 정보를 공개하라고 요구했다. 처음에는 이런저런 이유로 공개를 회피했지만 빗발치는 주민들의 요구에 밀려 속속 정보들이 공개됐고, 새로운 정보가 드러날 때마다 시민들은 분노했다. 주민들은 공장이 있는 한, 아니 공장들이 지금처럼 오염물질 배출 기준 등 기본적인 환경보호 기준을 무시하는 이상, 자신들이 겪어야 하는 재앙이 사라지지 않을 거라는 사실을 알게 됐다. 미국 워싱턴 천연자원보호위원회NRDC의 린다 그리어Linda Greer는 이 사태를 해결하기 위해선 중국 정부의 법 집행의 의지가 필요하다고 강조한다.

> 공장 폐쇄 조치는 당장 어려울 겁니다. 그렇다면 중국 관료들은 공장들이 장비 통제를 잘 하도록 총력을 기울여야 합니다. 중국 정부의 의지가 그대로 관철되면 즉각적 효과가 있을 것입니다. 이것만 잘 지켜져도 오염은 눈에 띄게 감소될 것입니다.[26]

중국인 환경운동가인 마쥔馬軍은 전문가들과 함께 오염 유발업체를 응징하기 위한 스마트폰 애플리케이션을 개발하고 있다. 이 애플리케이션은, 배출기준을 잘 지킨 공장은 파란색, 위반한 공장은 빨간색으로 표시하는 방법으로 환경보호에 무책임한 공장과 기업들을 폭로한다. 마쥔을 비롯한 환경운동가들의 목표는 대중의 압박을 통해 국가환경보호부가 법을 집행하도록 도움을 주는 데 있다.

중국 인민들은 중국의 현대화를 반기지만, 동시에 환경오염에 대해서도 적극적인 반대의사를 표현하고 있으며 누적된 불만은 시위로 터져 나오고 있다. 1990년대 이미 중국 농촌 지역에서는 오염으로 인한 토지 손상을 이유로 농민의 저항이 이어지고 있다. 2000년대 이후 대규모 시위가 도시로 번지기 시작했고 중산층 도시민들은 공해 유발 기업과 공장에 반기를 들었다. 인민정치협상회의人民政协 위원인 첸지핑에 의하면 중국은 매년 3만 건에서 5만 건의 시위가 보고되고 있다. 이제까지 사회정책에 반대가 주된 이유였다면, 2013년에는 단연코 환경오염이라고 그가 귀띔한다.[27] 후룬의 보고서에 따르면 매년 18만 명 이상이 환경문제에 관한 시위에 참여하고 있다.[28]

아직까지 대부분의 환경 관련 시위는 전국적이기보다는 지역적으로 나타나고 있다. 환경운동가들은 중국에서 곧 전국적인 환경운동이 일어날 수 있으며 현재 태동기에 있다고 추론하고 있다. 만약 중국의 지도자들이 이러한 시위가 왜 문제가 되는지 궁금하다면, 구소련의 경우를 상기하면 된다. 구소련에서 독립한 유럽의 모든 나라들이 정부를 새로 구성하자마자 정책적으로 가장 우선순위에 둔 것이 환경정화였다.

생존을 위한 베이징 탈출, '폐 세척 관광'

대기오염이 극심한 중국에서 공기가 맑은 곳을 찾아 떠나는 '폐 세척 관광'이 인기다. 2014년 11월 24일 영국 『파이낸셜 타임스』는 중국의 신종 관광인 폐 세척 관광을 소개했다. 다통 여행사는, 원래 중국은 10월 말부터 11월 초는 비수기이지만 올해만큼은 다르다고 밝혔다. '스모그 탈출 관광' 붐 덕분에 여행사는 관광객이 작년 이맘때에 비해 무려 20퍼센트나 증가한 것이다.[29]

인기 있는 폐 세척 관광지는 남중국해 하이난 섬海南島의 싼야三亞, 티베트 라싸, 동중국해 저우산 군도舟山群島가 꼽힌다. 중국의 대표적인 열대기후 휴양지인 싼야, 설명이 필요 없는 청정 지역 티베트 라싸, 해양개발특구인 저우산 군도의 공기 오염 정도는 상하이의 1/10 수준에 불과하다.

중국인들은 가까운 해외로도 폐 세척 관광을 떠난다. 한국의 경우, 중국의 대기오염 수준과 경기 흐름에 바로 영향을 받는 대표적인 폐 세척 관광권이다. APEC 정상회담이 베이징에서 개최되던 지난 2014년 12월이 그랬다.

APEC 정상회담 기간 동안 서울의 쇼핑 명소와 관광지에는 중국인들이 넘쳐났다. 이러한 관광 호황은 한국의 입장에서는 반가운 일이지만, 중국인들의 발걸음을 재촉한 촉매제는 중국 당국의 정책이었다. 스모그로 악명 높은 베이징 시가 정상회담 기간에 스모그를 줄이기 위해 고육지책으로 내놓은 방법이 임시 공휴일 선포였던 것이다.

성난 시민들을 흔든 소문, 베이징 천도론이 의미하는 것

베이징을 폐도廢都하고 2016년 허난 성 신양新陽으로 천도遷都한다.

이 소문이 흘러나온 것은 2014년 1월, 온 베이징이 술렁거렸다. 함께 들려온 내용도 그럴싸했다. "국가발전개혁위원회와 국가도시계획부, 국가환경보호부 등 정부 주요 부처의 공무원들이 이미 몇 년 전부터 조심스럽게 신양을 비롯한 새로운 수도의 후보지들을 조사했으며, 최종적으로 신양이 낙점되었다"는 것이었다.[30] 단순한 소문이 아닐지도 모른다는 생각을 하기에 충분한 정황이었다.

소문에 등장한 도시 신양은 황허黃河와 화베이 평야華北平野가 있는 허난 성에 있다. 허난 성은 베이징이 속한 허베이 성과 산시 성보다 남쪽에 있어 기후가 온화하여 사람들이 살기 좋은 곳으로 알려져 있다. 때문에 산둥 성만큼이나 인구밀도가 높다. 또한 지리적으로는 중국 동편이지만 중국 대륙을 남북으로 보면 배꼽쯤 되는 정중앙에 위치하여 북쪽에 치우친 베이징보다는 전국에서의 접근성이 높을 뿐 아니라, 결정적으로 황무지 한가운데 있는 베이징에 반해 신양은 황허를 끼고 있는 곡창지대이다. 비록 지금은 인구 610만 명 남짓한 작은 도시이지만, 수도로서 갖춰야 할 조건으로 보자면 손색이 없다.

실제로 수도 이전을 하는 데에도 큰 문제가 없다. 베이징과 약 1,000킬로미터 거리에 있지만, 중국 대륙에서 그 정도는 먼 거리가 아니다. 베이징까지는 고속열차로 5시간이면 갈 수 있을 뿐 아니라, 눈부시게 발전하는 중국의 교통 상황을 고려하면 중국의 경제 중심인 상하이와 양쯔 강揚子江의 삼각주, 남쪽의 광저우廣州를 지척에 둔 최적의 도시다. 사실 베이징이 중국의 수도로 적합한가에 대한 논쟁은 어제오늘의 일이 아니다. 때문에 역사적으로 신양뿐 아니라 후베이 성의 징먼荊門과 샹양襄陽, 허난 성의 난양南陽 등 황허와 양쯔 강을 끼고 있는 강남 지역의 도시들이 수도 후보지 명단에 단골손님처럼 오르곤 했다.

1990년대 이후 심심하면 한 번씩 거론되던 베이징 천도론은 2000년 초 주룽지朱镕基 총리 때도 거론됐다. 주 전 총리는 "황사문제를 원만히 처리하지 못할 경우 천도는 시간문제"라고 말한 바 있다. 2012년 3월 모래폭풍이 베이징을 덮쳤을 때는 전국인민대표대회에서도 심각하게 수도 이전 문제가 논의됐다. 베이징이 중국의 수도가 된 것은 13세기, 원 쿠빌라이 칸의 결정이었다. 쿠빌라이 칸이 베이징을 수도로 삼은 것은 북방민족의 입장에서 중국을 바라보았기 때문이다. 실질적으로 남과 북의 접경지대에 위치한 베이징은 중국 전역을 통치하기 위해 더할 나위 없는 전략적 요충지였다. 17세기 만주족이 세운 청나라 역시 정치적 안정을 꾀하기 위한 목적으로 베이징에 눌러앉는다. 거대한 대륙의 권력자들에게는 적들이 강을 따라 수도로 쉽게 접근할 수 없는 베이징이 안전했다. 그렇게 베이징은 철저히 군사적·정치적 필요에 의해 중국 대륙의 수도가 되었다.

하지만 베이징의 물부족 문제는 어제오늘의 일이 아니다. 중국 정부는 이 문제를 해결하기 위해 양쯔 강의 물을 끌어올려 베이징에 공급하는 야심찬 프로젝트 '남수북조'南水北調 사업을 진행하고 있다. 하지만 약 80조 규모의 중국 최대 토목공사인 이 프로젝트가 과연 베이징의 물부족 문제를 얼마나 해결해줄지는 미지수다.

이와 함께 서부에서 생산된 전기를 동부로 보내는 '서전동송'西電東送, 서부의 천연가스를 동부로 공급하는 '서기동수'西氣東輸, 이 외에도 철로, 공항, 가스 수송, 수리시설, 조림 등 각종 초대형 프로젝트들을 진행 중이다. 이 모든 프로젝트의 중심에는 베이징을 보다 살기 좋은 도시로 만들겠다는 의도가 자리한다. 게다가 베이징은 중국 헌법이 수도로 정한 도시이며 정치, 경제, 문화, 교통의 중심지이자 20세기 중국 대륙 부활의 견인차인 산업 중심지로서의 역할까지 감당해왔다.

이런 모든 정황들을 고려해볼 때, 베이징 천도의 가능성은 매우 희박해 보인다. 하지만 진위를 알수 없는 소문이 베이징 시민들을 이토록 강하게 흔드는 이유는 그만큼 살인 스모그로 인한 시민들의 불안감이 크기 때문이다. 게다가 이미 정치적 결정이 아닌 자연스러운 탈베이징 현상이 진행되고 있지 않은가. 그 옛날, 아름다운 운하를 따라 수도 베이징으로 올라왔던 중국인들은 이제 살인 스모그로 뒤덮인 베이징을 뒤로 하고 숨 쉴 수 있는 공기를 찾아 떠나고 있다.

아무도 믿지 않는 베이징 시의 대기오염지수 발표

재중 해외 대사관과 영사관에서는 대기 수준을 자체적으로 관측하고 발표하고 있다. 이러한 행위는 외교적으로도, 영사의 직분과 관련해서도 비엔나 협약을 따르지 않은 것이다. 또한 중국의 환경보호 법규에도 위반된다.

중국 환경보호부 우시아오킹 차관의 이 발언은 베이징 미 대사관과 상하이 미 영사관을 염두에 두고 한 발언이다. 우 차관은 베이징의 대기질을 측정하고 그 결과를 공개하는 것은 중국 정부의 몫이라고 말했다.[31]

베이징의 기상청 발표와 미 대사관의 결과 발표가 종종 큰 차이를 보였는데, 거의 대부분의 경우 미국 대사관은 기상청의 공식발표보다 더 대기오염이 심각하다고 발표했고 이것은 사람들 사이에 큰 논쟁을 불러일으켰다. 참다 못한 우차관이 미국 대사관의 대기오염 측정 발표에 대해 반박한 것이다.

우 차관은 미국의 대기 관측이 어느 한 지점에서 자료를 수집하는 것이기 때문에 부정확하며 비과학적이라고 주장했다. 미국은 자국 내 초미세먼지를 측정하는 모니터링 지점이 1,000여 곳이 넘으며, 프랑스와 영국은 각각 700곳과 400곳 정도 된다고 발표했다. 특히 미국 뉴욕에는 20곳, 파리는 18곳, 런던은 31곳에 모니터링 장치가 있다. 이 정도 모니터링 네크워크가 있어야 정확한 대기오염 측정이 가능한데 베이징 미국 대사관이 한 곳에 설치한 모니터링 장치에 의거해 발표하는 베이징의 대기질 수치는 믿을 수 없다는 것이다.

또한 중국의 대기질 상태를 각자 자기 나라의 기준에 따라 좋다 나쁘다 평가하는 것은 잘못된 처사라고 우 차관은 주장했다. 선진국과 개도국의 대기질을 똑같은 기준치를 가지고 판단하는 것이 잘못된 것이라는 뜻이다. 하지만 많은 개도국들은 그들의 PM2.5 기준치를 선진국 수준에 맞춰가고 있다. 미국도 1997년에 65㎍/㎥였던 PM2.5 기준치를 2006년에는 35㎍/㎥로 더 엄격하게 조정했다. 반면 중국의 대기오염기준인 PM2.5 기준치는 75㎍/㎥로 상당히 높다. 우 차관은 중국의 새로운 이 기준은 개도국인 중국의 현실을 충분히 반영한 것이며, 이러한 환경오염관리 원칙은 각 나라의 경제적 발전과 기술적 조건을 고려해야 한다고 못 박아 말했다.

중국의 이 기준은 다른 나라보다 2배가량 높은 기준이다. 그나마도 중국 74개 주요 도시의 2/3가 이 기준을 충족시키지 못하는 현실이다. 이런 사실은 묵과한 채 중국은 2015년 다시 이 기준을 더 엄격하게 조정할 예정이라고 발표했다. 그러면서 미국을 비롯한 주요 선진국 중국 공관들의 자체 대기오염 측정 발표를 중단할 것을 강력히 촉구했다.

하지만 미국 대사관은 대기오염 수치 발표를 중단하지 않았다. 그것은 베이징 기상청이 발표하는 대기오염 수치가 터무니없는 거짓인 경우가 많았기 때문이다. 2011년 10월 9일, 베이징의 대기 상태에 대해 베이징 시는 '약간 좋지 않음'Slightly Polluted이라고 발표했지만, 미국 대사관의 측정 장치는 '이보다 더 나쁠 수는 없음'Crazy Bad이었다. 2014년 11월 한 달간, 베이징 기상청이 이렇다 할 경보를 내리지 않은 베이징 시의 대기오염 상태를 미국 대사관의 측정 장치는 다음과 같이 진단했다.

2014년 11월 7일 08시/건강에 해로움(Unhealthy)
2014년 11월 7일 07시/건강에 해로움(Unhealthy)
2014년 11월 7일 06시/건강에 해로움(Unhealthy)
2014년 11월 7일 05시/건강에 해로움(Unhealthy)
2014년 11월 7일 04시/건강에 해로움(Unhealthy)
2014년 11월 7일 03시/건강에 해로움(Unhealthy)
2014년 11월 7일 02시/민감한 사람들의 건강에 해로움(Unhealthy for Sensitive Groups)
2014년 11월 7일 01시/민감한 사람들의 건강에 해로움(Unhealthy for Sensitive Groups)
2014년 11월 7일 자정/적정(Moderate)
2014년 11월 6일 23시/민감한 사람들의 건강에 해로움

(Unhealthy for Sensitive Groups)

2014년 11월 6일 22시/민감한 사람들의 건강에 해로움

(Unhealthy for Sensitive Groups)

2014년 11월 6일 21시/민감한 사람들의 건강에 해로움

(Unhealthy for Sensitive Groups)

2014년 11월 6일 20시/민감한 사람들의 건강에 해로움

(Unhealthy for Sensitive Groups)

2014년 11월 6일 19시/적정(Moderate)

2014년 11월 6일 18시/좋음(Good)

2014년 11월 6일 17시/좋음(Good)

미국 대사관은 PM10보다 더 작은 PM2.5를 비롯하여 미세하고 유해한 먼지입자를 추적하는 전자레인지만한 크기의 측정 장치를 사용하는데, 이것은 2008 베이징 올림픽 전에 미국의 관련 요원과 인사들에게 대기질에 대한 정보를 조언하기 위해 설치됐다. 하지만 이후 건강과 안전에 위험을 미칠 수 있다고 여겨지는 정보는 공개할 수 있다는 외교적 방침에 따라 자료를 일반에게 공개하기 시작했다.

이 측정 결과는 시간별로 베이징 날씨 트위터Beijingair Twitter와 스마트폰 애플리케이션을 통해 실시간으로 공개되며 중국 블로거들을 통해 중국 전역으로 생중계되고 있다. 그런데 2011년 10월 9일, 미 대사관의 이 측정기가 대형 사고를 쳤다. 이날 베이징의 PM2.5 기록은 중국 환경보호국에서 정한 '수용할 만한' 대기질 기준의 7배를

넘긴 500㎍/㎥를 경신했다. 그런데 미국 대사관의 대기오염 측정기에는 이런 표현이 떴다.

> 대기가 미쳤음Crazy Bad

이러한 폭탄급 표현에 미국 대사관도 당황했다. 미국 대사관 측은 이 측정기계에 이런 유머러스한 표현을 할 줄 아는 언어 프로그램이 내장되어 있다는 사실을 그때 처음 알았다고 발표했다. 대사관은 재빨리 '대기가 미쳤음'이란 표현을 삭제하고 '측정불가'Beyond Index라는 표현으로 대체했다. 미국 대사관 측은 대기오염 수준이 측정기가 감지할 수 있는 최고 기록을 넘어서자 더 이상 데이터를 공개하지 않았다. 하지만 측정기의 이 기발한 표현은 중국 네티즌과 일반인들에게 급속히 퍼져나갔다.

코넬 대학교의 대기질 전문가인 데인 웨스터달은 PM2.5가 500㎍/㎥를 상회한 것이 어떤 느낌인지를 이렇게 비유했다.

> 산불이 났을 때, 당신이 바로 산 밑에서 바람에 실려 오는 그 연기를 그대로 들이마시는 느낌이라고 보면 됩니다.

한편 베이징에 본부를 둔 환경시민단체 대표이자 환경운동가인 마쥔은 베이징 올림픽이 중국의 환경에 미친 영향이 매우 긍정적이었다고 평했다.

베이징 올림픽은 귀중한 유산을 남겼습니다. 하지만 인구증가와 도시 팽창, 어마어마한 차량 증가는 그 좋은 것들을 이미 상쇄해버렸습니다.[32]

마쥔의 말대로 베이징에서 PM2.5의 주요 원인인 자동차 등록 대수는 2008년 500만여 대로 치솟았다. 하지만 중국 환경보호부는 2008년 274일이었던 '파란 맑은 날'을 2010년에는 286일로 보고했다. 납득이 가지 않는 결과이다. 앞서 언급했듯이 중국은 베이징 대기질의 비난여론에 대해 매우 신경을 곤두세우고 있는데, 특별히 미국의 여론에 매우 껄끄럽게 반응하고 있다. 한 예로 베이징 연합가족병원의 미국인 의사가 그의 블로그에 "이번 달에는 마스크를 착용하라"고 권고하자 곧바로 중국 공산당 계열의 『글로벌 타임스』Global Times는 베이징 대학 인민병원에 근무한다는 익명의 의사 말을 인용해서 다음과 같이 이 미국인 의사를 비난했다.

마스크를 착용하라는 의견은 아무 근거 없이 생트집을 잡는 의견입니다. 베이징은 오랜 시간 동안 대기가 오염되어 있었고, 우리가 미국 기준으로 살아갈 필요는 없습니다.[33]

중국의 예민한 반응에 대해서 전 중국 정부 대기 관련 자문관이었던 데이비드 반스 와그너David Vance Wanger는 다음과 같이 지적했다.

환경문제는 기술적 문제이기도 하지만 굉장히 정치적 문제이기도 합니다. 정치적으로 볼 때 중국의 환경기준을 곧바로 글로벌 수준으로 개정하기는 어렵겠지요. 그리고 올림픽 때 대기를 개선했던 일을 자화자찬하면 문제가 없다고 할 것입니다. 하지만 분명한 것은, 이러한 기세와 여론은 오래가지 못할 거라는 사실입니다. 이런 식으로 최악의 대기오염이 계속된다면 곧 사회적 동요가 일어날 수밖에 없으니까요.[34]

와그너의 예상은 적중했다. 베이징 올림픽이 끝난 지 8년이 넘은 지금, 베이징의 대기는 더 악화되고 있고 민심은 동요하고 있다. 환경문제에 관한 한 자존심 강한 중국 언론들도 미국의 보도를 더 공신력 있게 활용하고 있다. 와그너는 이러한 중국 언론의 태도가 중국의 환경문제 인식에 도움이 된다고 말한다.

그들은 중국 데이터의 객관성과 유효성을 의심하는 것이 아닙니다. 다만, 미국의 관측 정보는 세심하게 초미세먼지까지 집계하기 때문에 훨씬 더 인체 유해성에 대해서 정확하다는 것을 알 뿐입니다.[35]

베이징 스모그, 한국과 일본을 질식시키고 있다

2013년 5월 미국 『글로벌 포스트』Global Post는 중국 대륙과 멀지 않은 일본 남부 지방 도시의 150만 명이 중국 스모그 덕분에 폐 질환에 걸렸다고 보도했다. 톈진과 베이징의 석탄 공장과 무서운 속도로 늘어나고 있는 자동차가 뿜어내는 매연이 동중국해를 건너서 일본 서부 지방을 강타하고 있다. 이 스모그는 한국까지 날아와 대기를 오염시키고 있다.

일본이 최근에 대기가 위태롭다고 느낀 때는 2013년 2월이다. 희끄무레한 잿빛 스모그가 후쿠오카를 덮은 것이다. 시 정부는 조기 경보를 울렸다. 대기오염 상태는 모든 사람이 주의해야 하는 수준이며 특별히 영유아와 노년층은 실내에 머물고 외출할 때는 꼭 마스크를 착용하라고 권고했다.

2013년 11월, 일본 지바 현千葉縣 이치하라 시市原市의 시간당 PM2.5 수치는 127㎍/㎥ 이상을 넘나들었는데, 이 수준은 권고 수준인 70μg/㎥를 훨씬 웃도는 위험수위였다. 2013년 봄, 후쿠오카, 나가사키 및 일본 서쪽 지방 다른 도시들의 대기오염 수치도 계속해서 올라갔다. 시 환경청 소속의 게이코 나바무타 씨가 말했다.

> 시민들 사이에 스모그가 건강에 미칠 영향에 대한 관심이 고조되고 있습니다. 이런 일이 발생할 때마다 우리는 되도록 집에 머물고, 세탁물도 실외에 널지 말 것을 권합니다. 의류에 미세먼지가 잔뜩 묻는 것을 예방하기 위해서입니다.[36]

일본 언론은 중국 주요 도시에서 일하는 일본인들이 중국의 대기오염이 너무나 심각해서 가족들을 일본으로 돌려보내고 있다고 보도했다. 베이징 주재 일본 대사관은 2013년 10월 28일 베이징에 거주하는 일본인들과 간담회를 가졌다. 그 자리에서 이런 이야기가 터져 나왔다.

> 휴가를 떠나든지, 새로운 직장을 잡아서 이사를 가든지 하지 않으면 누구도 이 지독한 대기오염에서 벗어날 수 없을 것입니다.

지난 몇 년 동안, 중국발 스모그의 유해성이 심각함을 인지한 한국과 일본 정부는 도시 대기오염 조기 경보 시스템을 구축해오고 있다. 후쿠오카에서는 하루에 PM2.5 이하의 입자가 35μg/㎥ 이상일 때 시의 웹사이트에 대기오염 경보를 발령한다. 그런데 상황은 점점 심각해지고 있다. 2013년 1-3월 중국의 대기 중 이산화질소와 PM2.5, 그리고 PM10 범위의 미립자 수준은 2012년 같은 기간에 비해 1/3 이상 증가했다.

한국의 경우, 매년 봄 황사로 인한 비상이 계속된다. 원래 황사 구름은 고비 사막에서 시작하여 남쪽으로 불어온다. 몽골과 북중국에 걸쳐 있는 고비 사막의 황사는 수천 년간 주기적으로 발생하고 있으며 악성은 아니었다. 하지만 중국이 산업화·사막화되면서 황사는 수은, 비소, 기타 발암성 물질 등 무거운 금속 물질을 싣고 한반도에 상륙하고 있다.

중국 스모그로 인한 두꺼운 층의 유독한 안개가 한반도를 일주일간 점령한 2013년 11월에는 기관지염과 따끔거리는 눈으로 인해 고통을 호소하는 환자들이 20-30퍼센트 늘었다. 약국의 마스크는 동이 났다. 2014년 봄 마스크의 판매량은 그 전해에 비해 무려 481퍼센트 상승했다.[37]

국립환경연구원은 2014년 2월 서울의 대기오염 PM10 농도가 최고 200까지 치솟아서 관측 사상 최장시간인 85시간 연속 미세먼지 '나쁨' 주의를 유지했다. 이로 인해 서울시에서는 처음으로 4일 연속 대기오염경보가 울려 퍼졌다. 의사들은 이 정도 수준이면 영유아와 노약자에게 치명적인 수준이라고 말했으며, 그 누구라도 외부에서 오래 활동하는 것은 매우 위험한 행동이라고 경고했다. 즉, 현재 상황은 국가재난 상황이라고까지 할 수 있다는 것이다.

이렇듯 중국의 대기오염은 한국인들에게 치명적인 영향을 주는 재해이지만 당장은 막을 길이 없다. 한국 환경부는 중국과 국경을 마주하고 있는 이상 그 영향은 피할 수 없는 운명이라고 말한다. 중국은 현재 에너지 블랙홀이자 전 세계 석탄의 절반을 소비하는 나라이기 때문이다.

19세기 영국은 생산하는 방법을 세계에 알려주었다.
20세기에 미국은 소비하는 방법을 우리에게 알려주었다.
21세기에 중국이 세계를 선도하려면 지속 가능한
성장방법을 세계에 보여줘야 한다.

조나단 와츠, 『중국 없는 세계』 중에서[38]

PART
3

슈퍼 스모그와의 결별을 위하여

녹색 GDP 프로젝트의 실패

공산당이 경제성장과 환경보호를 균형 있게 조정하겠다고 공언해왔음에도 실패를 거듭하고 있는 주요한 이유 중 하나는 정치 때문이다. 그중에 대표적인 사례가 바로 녹색 GDP다.

2002년 후진타오 국가주석-원자바오 총리 2인 시대가 시작됐다. 그 봄에 두 사람은 피할 수 없는 문제에 직면했다. 경제의 거품이 빠지면서 지속 가능한 성장해법을 찾아야 했고 환경문제는 더 이상 참을 수 없는 지경에 이르렀다. 그럼에도 불구하고 고위급 관리들은 환경문제를 외면했다. 깊이 뿌리박힌 경제성장 중심의 정치·문화 속에서 환경정책을 실시하는 것은 정치생명을 건 모험과도 같은 일이었다.

후진타오 국가주석은 단단히 마음을 먹고 2004년 내부 연설에서 환경과 경제를 합산회계하겠다는 '녹색 GDP'를 천명했다. 이 선구적인 노력으로 정부와 당 기관들이 환경에 더욱 우선순위를 두고 일하는 새로운 시대를 만들겠다고 발표했다.

'녹색 GDP'란 매년 중국의 공공기관들의 수행을 평가하기 위한 환경기준을 만드는 것이다. 즉 오염에 따른 환경비용을 반영해서 GDP를 산정하는 것이다. 2004년 3월, 국가환경보호부와 국가통계청 공동으로 시작된 이 프로젝트에는 중국 과학 아카데미와 기술 아카데미, 그리고 사회과학 아카데미의 연구진들이 합류했다.

연구팀은 이 프로젝트를 통해 회계 기술과 방법이 큰 진보를 이룰 것이며, 나아가 환경과 경제 통합회계 시스템이 구축되고, 환경-경제 관련 사안들을 결정할 때 매우 중요한 참조 자료로 이용될 것이라 전망했다. 무엇보다도 이 프로젝트가 국제 기준을 향한, 중국의 환경과 경제 발전을 향한 위대한 혁신이자 발걸음이 될 것이라고 예상했다.

덕분에 이 프로젝트는 국제적으로도 굉장한 주목과 지원을 받았다. 세계은행은 기술적 지원을 했다. 유엔 환경 프로그램과 유엔 통계위원회, 아시아태평양 경제사회위원회, 유럽 위원회, 노르웨이, 네덜란드, 중국 환경보호와 개발을 위한 국제협력위원회는 긍정적인 평가를 하며 중국의 국가적 회계 연구에 찬사를 보냈다.[39]

이에 따라 중국 국가환경보호부는 중국 전역의 오염 자원을 조사하고, 전국의 지하수오염과 토양의 중금속오염 정도를 측정할 예정이라고 밝혔다. 또한 생태계가 입은 손실을 전국적으로 조사할 것이라고 했다. 국가환경보호부는 이 녹색 GDP의 결과가 오염관리, 환경세 부과, 생태계 보전과 관료들의 수행조사 등 환경 및 경제 정책에 두루 쓰이게 될 것이라고 강조했다. 판웨潘岳 환경보호부 부부장과 치우샤오화邱曉華 통계청 장관도 환경과 경제를 아우르는 회계 프로젝트는 전 세계에서 어느 나라도 행한 적이 없다고 평가했다.

초기 연구는 베이징, 톈진, 충칭 시重庆市와 허베이 성, 랴오닝 성遼寧省, 안후이 성安徽省, 저장 성, 쓰촨 성四川省, 광둥 성, 하이난 성에서 행해졌다. 2년간 기술팀은 중국 동부, 서부, 중부 3곳과 42곳의 산업체를 돌면서 환경파괴 비용과 환경오염의 물리적 수치를 분석했다.

2006년 녹색 GDP 연구 팀은 각 성의 환경과 주민건강이 매년 얼마나 피해를 입는지를 고려한 녹색 GDP 보고서를 국가환경보호부와 국가통계청을 통해 발표하였다.

그 결과 그 누구도 예상치 못했던 사실이 드러났다. 환경오염으로 인해 중국이 입은 2004년 손실규모는 5,118억 위안(약 92조 원), 이는 2004년 GDP의 3.05퍼센트나 됐다. 이는 '오염을 적용하게 되면 그해 성장률이 약 7-10퍼센트 정도 하락할 것'임을 시사하는 것이었다.

보고서는 중국의 오염 실태를 낱낱이 드러내고 있었다. 중국은 수질오염, 대기오염을 개선시키지 못했을 뿐 아니라 매년 더 악화되고 있었다. 단순히 정부의 대기오염 개선 목표치에 미달한 게 문제가 아니었다. 대기질 자체가 위험한 상태였다. 당시 석탄 발전소에서 내뿜은 이산화황 가스 배출량은 2005년 한 해 2,550만 톤에 달했다. 이는 2000년에 비해 무려 27퍼센트나 증가한 수치다.

그럼에도 불구하고 2006년 보고서에는 오직 환경오염 비용만을 가지고 계산했다고 보고했다. 즉 이 공식은 환경 피해를 낮게 측정한 것이며, 중국의 생태계, 천연자원 비용까지는 사정하지 않은 것이었다. 환경오염 비용 산정에는 적어도 20가지가 넘는 항목이 포함되어야 한다. 하지만 중국의 녹색 GDP는 지하수, 토양 중금속오염 등 몇몇 중요한 사안들을 제외한 10가지 항목만 다루어 오염의 일부만 반영하였다. 또한 부가적인 환경보호 투자경비 2,874억 위안도 포함되어야 했다. 그런데 이 금액은 2004년 GDP의 1.8퍼센트에 해당한다. 이 외에도 정부가 오염감소 및 관리를 위해 가동한 10차 5개년 계획에 책정된 예산은 GDP의 1.18퍼센트나 된다. 이런 비용을 모두 감안한다면 중국 경제성장률은 거의 제로 상태에 가깝다.[40]

이런 결과에 놀란 것일까. 판웨는 "이 프로젝트가 완성되려면 시간이 걸린다"고 말한 뒤 결과를 대중에게 공개하겠다고 했지만 후속 발표는 없었다. 대신 녹색 GDP에 관한 치열한 언쟁이 계속되다가 결국 사장됐다. 녹색 GDP 팀의 두 번째 보고서는 원래 2007년 3월에 발간될 예정이었지만, 영원히 세상의 빛을 보지 못했다. 중국 측 공식 설명은 이 프로젝트를 시행하기에는 아직 시기상조라는 것이었다. 하지만 녹색 GDP 팀의 리더인 왕 지난은 지방정부가 이 프로젝트를 사장시켰다고 폭로했다.

> 관료들은 원하지 않는 순위가 매겨지고 정부의 목표치에 얼마나 미달인지 드러나는 것을 싫어합니다.[41]

그의 말처럼 1차 보고서는 부정적인 결과를 가져왔다. 몇몇 성의 경우 이 기준을 적용하게 되면 성장률이 제로에 가까워지기 때문이다.

만일 중앙정부가 진정으로 녹색 GDP를 도입하려 했다면 이런 저항들은 극복할 수 있었을 것이다. 그러나 중앙정부 관료들도 내심 녹색 GDP 도입을 꺼렸다. 중국 공산당은 국민투표로 정권을 잡지 않았기 때문에 높은 경제성장률을 내세워 독재를 합리화해왔는데, 녹색 GDP 개념을 도입해 경제성장률이 크게 떨어지면 당의 권위가 흔들릴 것이기 때문이다.

17차 공산당대회 선언, '생태문명시대 건설'

2007년 중국 제17차 당대회에서 '생태문명'이란 단어가 중국 중앙 정치에 처음으로 등장했다. 당시 회의에서는 생태에 관하여 "생태문명을 건설하고 에너지 자원을 절약하고 생태환경을 보호하는 산업 구조, 성장방식, 소비방식을 형성"할 것을 강조했다. 이에 근거하여 제11차 5개년 계획(2006-2010)에 중국의 에너지 절약, 생태건설, 환경보호가 중요한 화두로 등장했다. 그럼에도 불구하고 당시 생태문명은 당대회 보고의 내용 중에서 언급되는 데 그쳤다.

그러나 분명히 변화가 가속화되고 있다. 2012년 발표된 제18차 당대회 보고에 따르면, "적극적으로 생태문명 건설 추진"이 보고서 제8장의 제목으로 처음 언급되었고 "생태문명의 건설은 인민 복지와 민족 미래의 장기적 대계와 관련이 있다"는 뜻을 밝히고 있다. 이로써 생태문명은 경제건설, 정치건설, 문화건설, 사회건설과 함께 추진되는 '5위 1체' 중 하나로 지위가 격상된 것이다.

5위 1체란 생태문명을 경제건설, 정치건설, 문화건설, 사회건설의 각 항목과 융합하여 발전시키는 방식이다. 생태문명 건설의 목표는 국토공간 개발구조 최적화, 자원절약, 자연생태계 및 환경보호 강화, 생태문명제도 건설 강화 등이다.

이러한 판단하에 환경보호를 위해 중국 국가 경제사회 발전의 주요 계획인 제12차 5개년 계획 기간(2011-2015) 동안 약 3조 4,000억 위안(약 610조 원)을 투자하기로 결정했으며, 환경보호를 위한 다양한 경제정책을 실시하거나 고려하고 있다.[42]

그 예가 탄소배출권 거래제 시범 실시, 오염물질 배출권 거래제, 환경보호세 신설 추진이다. 그러나 탄소배출권 거래제의 경우, 중국은 베이징, 광둥 성, 후베이 성, 충칭, 선전, 톈진에서 2013년 시범적으로 실시하고 있지만, 대기오염 억제를 위한 오염물질 배출권 거래는 2012년 말까지 베이징, 톈진, 상하이의 3대 오염물 배출거래소에서 한 차례도 이루어지지 않았다. 또한 타 지역의 경우도 매우 적은 양의 거래만 이루어져 거래시장 발전 가능성은 매우 낮은 것으로 알려져 있다.

중국 환경 전문가들이 현재 자연환경을 단순히 유지하기 위해서라도 GDP의 2.2퍼센트를 환경보전에 투자해야 한다고 주장했으나, 지난 10년 동안 환경보전에 투자된 자금은 GDP의 1.3퍼센트를 약간 넘는 정도였다. 최근 지도부는 매년 추가적인 수십 억 달러를 환경에 투자하겠다는 공약을 계속하고 있다.

2015년 IMF 보고서에 따르면, 전 세계적으로 연간 약 5조 3,000억 달러(약 6,200조 원, 한국 1년 예산이 400조 원가량임)가 화석연료와 원자력 개발에 들어가고 있다. 이것은 세계 총생산의 6.5퍼센트에 이르는 막대한 금액으로, 이 중 중국이 약 2조 3,000억 달러(약 2,700조 원)을 쓰고 있다. 2위는 미국으로 7,000억 달러 규모다. 중국이 거의 세계의 화석연료와 원자력 개발 비용 중 40퍼센트 이상을 투입하고 있는 것이다. 그런 상황에서 중국이 환경보호를 위해 사용한 예산은 원래 사용하기로 했던 금액의 86퍼센트에 그쳤다.

이렇듯 환경문제는 중국에게 있어 경제성장과 함께 풀어야 하는 복잡하고 난해한 방정식이다. 경제성장만이 아니다. 앞서 언급했듯이 중국 정부의 무능과 부패, 지방 협력에 관한 국가 거버넌스 문제까지 거론되면서 방정식의 해법은 더 어려워진다.

그러나 변화는 일어나고 있다. 2013년 시진핑 시대가 시작되면서 중국 사회에서 경제발전과 환경보호 간의 관계설정에 변화가 생기기 시작했다. 시진핑을 포함한 중국 핵심 정책 결정자들이 최악의 환경문제야말로 중국이 직면한 가장 위험한 국가과제라고 이해하면서 생태문명시대로의 패러다임 변화를 가져올 계기가 마련됐다.

중국의 환경보호 노력에 있어서 가장 긍정적으로 볼 수 있는 부분은 현재 환경오염 정도에 대한 공개이다. 지역의 대기 수준에 대한 일일 보고는 시민의 권리가 되었고, 2014년 1월부터는 전국 1만 5,000개의 공장에서 배출되는 오염원에 대한 실시간 보고가 이루어지고 있다. 가히 획기적인 일이라 하지 않을 수 없다.

보기 드문 일이긴 하지만 중국 환경문제의 최대 장애물인 지방정부에서도 변화의 조짐이 관측되고 있다. 광둥 성의 경우 중앙정부조차 외부에 공개하기를 꺼려하는 토양오염 실태를 공개했다. 광둥 성 토지자원 사무국은 광저우 주장 강珠江 삼각주의 28퍼센트 정도가 심각한 중금속에 오염됐다는 사실을 밝혔다.

법과 정책적인 면에서도 진보가 있다. 2015년 1월부터 시행된 중국의 새로운 환경보호법EPL은 1989년부터 시행해온 환경보호법과는 달리 경제발전의 하위 개념을 벗어나 심각한 환경오염국인 중국의 현실에 맞도록 조정한 역대 최강의 진보된 환경관련법이다. 이 법은 법을 준수하지 않거나 자료 조작, 관리 회피, 은밀한 오염원 방출 등의 환경 범죄에 대해서 강력히 처벌하는 조항을 포함하고 있을 뿐 아니라 지방정부와 관련 법 집행기관에 환경오염원 관리에 대한 책임과 의무를 더욱 엄격하게 실천하도록 했다. 물론 환경오염원 배출 기준도 한층 강화됐다.

효과는 즉각 나타났다. 2013년부터 약 2년간 연일 최악의 하이스모그 기록을 갱신했던 베이징의 하늘이 2015년에 접어들면서 눈에 띄게 개선된 것이다. 당시 측정 데이터를 검토해보면 매우 드물게 중국 정부의 공식 측정 자료와 미국 대사관의 모니터링 자료가 일치했는데, 2015년도 상반기, 베이징의 PM2.5 농도는 1년 전보다 약 15퍼센트 떨어진 것으로 나타났다. 2015년에 들어서야 2,100만 명의 베이징 시민들은 실로 오랜만에 파란 하늘 아래서 마음 놓고 숨을 쉬며 일상을 영위했다.

그러나 아직 이 모든 것은 출발단계다. 세계적인 환경전문 언론인 『네이처』Nature는 2015년 1월 기사를 통해 중국의 새 환경보호법의 핵심을 네 가지로 정리했다.[43]

첫째, 새로운 환경보호법은 기존의 농림법, 수자원법 등의 상위법이 아니다. 그러므로 환경과 밀접한 관계가 있는 이들 법과의 마찰을 피할 수 없을 것이다. 한국, 미국, 일본 등 해외에서는 이런 상황을 막기 위해 환경보호법을 기본법으로 하고 농림법과 수자원법을 하위법으로 규정하고 있다. 현재 중국의 환경보호법은 이들 국가들의 환경법과 위상이 다르다.

둘째, 환경 감시감독 기관이 환경보호부, 수자원토지농업자원부, 해양부, 산림부 등에 분산되어 있다. 미국은 대통령 산하의 환경보호청에서, 독일은 환경자연보전원자력안전부에서, 한국의 경우 환경부 등에서 이런 모든 문제를 다른 법보다 우선해서 적용할 수 있도록 단일화된 부서에서 일괄적으로 필요한 조치를 시행하고 있다.

셋째, 중국 환경보호법은 러시아와 필리핀을 포함한 전 세계 149개 국가에서 모두 인정하는 '국민의 환경의 질을 향유할 기본권'을 법적으로 인정하지도 보장하지도 않는다. 한국도 법적으로 국민의 환경기본권을 인정하고 있다. 중국 정부는 일부 시민단체에게 환경정보에 대한 접근보장과 환경 거버넌스 참여를 허용하고 있으나, 문제가 발생한다 해도 국민이 국가를 상대로 소송을 하지 못하도록 규정하고 있다.

넷째, 법 강제기구들이 실제로 법 시행능력이 없거나 이해충돌로 인해 제대로 기능을 발휘하지 못하고 있다. 중앙정부의 법 집행력은 지방 구석구석까지 미치지 못하고 있다. 환경법은 매년 새롭게 강조되지만 경제적 이익과 이해가 충돌할 때에는 자주 우선순위에서 밀리는 것이 현실이다.

변화의 첫걸음,
환경 데이터를 공개하다

중국 정부가 비공개 공식 자료인 대기오염 자료를 공개하겠다고 했을 때, 사람들은 자료의 투명성을 그다지 기대하지 않았다. 하지만 중국 정부는 이런 기대를 완전히 뒤엎고 오랜 세월 감추고 있었던 자료를 전면 공개했다.

중국 정부는 대기오염 데이터 공개에서 그치지 않았다. 1만여 개의 주력 산업시설을 상대로 2014년 1월 1일부터 배기가스 배출량과 폐수량을 공식 보고서로 제출하도록 한 것이다. 누가, 언제, 어떻게 중국 환경을 파괴하고 있는지 속속들이 밝히겠다는 의도였다. 이 산업시설 중에는 유력한 국유 기업도 포함되었기 때문에 중국의 이러한 조치는 극히 이례적으로 받아들여졌다. 이 보고서 요구 조치는 중국 정부가 친환경정책으로 방향을 전환하고자 함을 보여준다. 중국 정부는 대기오염 수치가 상위권인 도시들에게 공식 자료를 집계할 것을 명했고, 석탄 사용을 자제할 것을 촉구했다.

중국 정부가 이렇게까지 방향을 전환한 것이 뒤늦은 감은 있지만 정말 환영할 만한 일이다. 이미 대기오염을 비롯한 지독한 환경오염으로 국제적 비난뿐 아니라 매년 100만 명 정도의 조기 사망자, 젊고 유능한 인력의 해외유출, 관광객 감소 등의 실제적 타격을 입고 있는 중국 정부로서는 더 이상 물러날 곳이 없었을 것이다.

중국의 대기오염을 해결하려면 아무리 최고의 조치와 수단을 취하더라도 몇 년이 걸릴 것이다. 아직까지 중국 경제는 석탄 의존도가 높으며, 관련 수익도 만만치 않다. 일단 환경보호론자들은 중국 정부의 새로운 움직임에 대환영의 제스처를 취하고 있다. 워싱턴 천연자원보호위원회의 린다 그리어는 보고서 요구 조치가 중국이 오염문제를 해결하기 위해 취한 "가장 생산성 있는 엄청난 조치 중의 하나"라고 표현했다.

사실 중국 정부가 데이터를 공개하게 된 계기에는 미국 대사관의 PM2.5 발표가 한몫을 했다. 앞서도 언급했듯이 초창기인 2009년, 중국 정부는 이러한 발표에 대해 강하게 부인하며 미국 정부에 자료 공개를 중단할 것을 요구했다. 하지만 2012년 중국 당국은 주요 도시들에 PM2.5 관련 보고서를 제출할 것을 명령했다. 현재 179개 도시가 실시간으로 미세먼지 수준을 보고하고 있다. 그리고 환경보호부는 가장 최악의 도시 순위를 예의주시하고 있다.

실제로 2014년 중국 환경보호부가 발표한 중국 내 74개 도시의 연평균 초미세먼지 농도를 보면 허베이 성의 싱타이邢臺가 155.2㎍/㎥까지 올라가 중국에서 가장 대기오염이 심한 도시로 기록됐고 2위는 같은 허베이 성의 스좌장(148㎍/㎥), 3위는 역시 허베이 성의 바오

딩保定(148.5㎍/㎥)이 차지했다. 베이징은 연평균 초미세먼지 농도가 90.1㎍/㎥를 기록해 13위에 올랐다.[44]

2013년 9월, 중국 정부는 대기오염 개선을 위해 약 1조 8,000억 위안을 투자하겠다는 계획을 밝혔다. 이 계획은 석탄 사용 감축, 배기가스 배출량이 많은 교통수단 제재, 대중교통시설 확충, 녹색무역 지향, 에너지믹스(에너지 다양화)를 위한 준비 등으로 요약될 수 있다. 중국 정부는 도심에 500미터마다 버스 정류장을 설치하기로 결정했으며, 환경 관련 품목 54개에 대해서는 5퍼센트였던 기존 관세를 그 이하로 줄이기로 결정했다. 또한 낡고 비효율적인 석탄 발전소의 가동을 중지시켰다. 이러한 조치들은 중국 지도부의 강력한 정책적 지원이 없다면 실현 불가능한 것이다.

중국 정부의 계획에 따르면, 베이징-텐진-허베이 지역은 2017년까지 PM2.5를 25퍼센트 줄이는 데 집중해야 한다. 또한 2017년까지 철강 산업을 10퍼센트 줄이거나 또는 8,000만 톤까지 철강 생산량을 줄이겠다고 발표했다. 이것은 허베이 지방 산업구조에 거대한 수술이 가해진다는 사실을 의미한다.

그러나 이 계획이 성공하려면 수많은 난관을 넘어야 한다. 중국 정부는 이전에도 환경정책 목표를 수립했으나 실패한 전적이 있다. 2012년의 자료에 의하면 허베이 지역의 철강 산업은 이미 유럽연합 전체보다 더 많고, 미국 전체 생산량의 2배가 넘는 철을 생산하고 있다. 즉, 이 산업지구는 막대한 규모의 오염원을 만들어내는 곳이면서 동시에 국가 재정을 받쳐주는 자금원이자 수천만 명의 노동자와 가정을 살리는 고용창출 기지이다.

만일 계획대로 개혁이 시작되면 가장 먼저 수많은 노동자들이 일자리를 잃게 된다. 거기서 끝나는 게 아니다. 생계가 다급한 이들은 새로운 일자리를 찾아 베이징으로 밀려들거나 거리의 노숙자가 될 것이 불 보듯 자명하다. 그런 만만치 않은 부담이 예측되지만, 환경보호를 위해서는 막대한 경제적·사회적 비용을 감수해야 한다.

하지만 중국 정부는 이에 대한 각오가 되어 있는 것 같아 보인다. 그런 중국의 의지를 보여주는 일들이 계속 관측되고 있는데, 2015년 8월, 환경보호를 위해 17건의 건설 프로젝트를 포기한 사실도 그중 하나다. 이 프로젝트에 투자된 금액은 총 1,760억 위안, 우리 돈으로 30조 원이 넘는다. 이런 초대형 공사를 포기한 것은 오로지 환경보호정책을 지지한다는 의지의 표현이자, 부정부패와 싸우겠다는 강한 의지를 대내외적으로 내비친 것이다.

환경보호부는 2015년 말까지 환경영향 평가기관에 영향을 줄 수 있는 정부 인사들의 모든 연결통로를 차단하도록 조치했다. 또한 불시에 민간기업과 국유기업들을 시찰하여 자격미달로 판단된 기관들과 엔지니어들은 자격을 박탈했다.

중국에서 주요 건설 프로젝트들은 투자를 촉진하고 경제성장을 유지시키는 주요한 방편이다. 원래 중국의 환경보호국은 철도나 관개 공사와 같은 주요한 프로젝트들의 승인을 빠른 속도로 처리했다. 그래서 2015년 4월 말에는 철도 투자만 전년 대비 22.6퍼센트 상승했다. 하지만 2015년 6월 이후 강력한 환경보호정책에 따른 중국의 경제냉각과 주식시장 불황의 영향으로 중국은 2016년 7퍼센트의 경제성장 목표를 성취하기가 어려워졌다. 그럼에도 불구하고 중국은 환경오염을 막기 위해 후반기 경제를 부양할 수 있는 17개의 건설 프로젝트를 포기한 것이다. 중국은 이를 만회하기 위해 철도 장비, 신에너지 교통수단, 의학 장비 등 6개 제조분야의 기술 육성을 위한 투자를 활발히 전개하고 있다.

5년 안에 1억 6,000만 톤 석탄 소비 줄인다

중국의 에너지 소비는 그 덩치에 걸맞게 어마어마하다. 중국은 석탄, 납, 철, 니켈, 알루미늄의 세계 생산량 중 16퍼센트를 생산하지만, 사용량은 세계의 40-50퍼센트를 차지한다. 또한 전 세계 원목 공급량의 절반을 차지하고 있다.

그런데 없는 게 없는 중국에서 지금 자원이 고갈되고 있다. 그 이유 중 하나는 마오쩌둥 시절, 에너지를 무분별하고 방탕하게 사용했기 때문이다. 중국의 GDP당 에너지 사용량은 1950-1978년 사이 3배로 뛰었다. 전례 없는 '성장' 덕분이었다. 1990년대 초, 중국의 위대한 성장의 시대 시작점에 중국은 100만 달러를 벌기 위해 800톤의 석탄을 쓰고 있었다. 이것은 다른 개도국보다 더 비효율적인 에너지 남용이었다. 이후 중국의 에너지 효율은 천천히 향상되긴 했지만, 독일이 173tce를 쓸 때 중국은 300tce를 쓰고 있었다.[45] 중국의 에너지 효율성은 세계 평균보다 아직은 많이 떨어진다고 할 수 있다.

거대한 수력 발전소가 돌아가고 있음에도 불구하고, 중국은 석탄을 주에너지원으로 사용하고 있다. 중국은 세계 석탄 공급량의 절반을 태우고 있다. 중국의 석탄 소비는 1990년 10.6억 톤에서 2000년 13.2억 톤, 2005년 21.7억 톤으로 증가했다. 석탄 소비의 절반은 화력 발전용으로 사용되는데, 중국 전 국토에는 약 2,000개의 화력 발전소가 있다.

이 기간 이산화탄소 배출량은 1,494만 톤(1990), 1,995만 톤(2000), 2,549만 톤(2005)으로 증가하고 있다. 전 세계에서 발생되는 이산화탄소 양의 2/3가 중국 대륙에서 나오고 있다. 2006년엔 이산화탄소 배출량에서 미국을 앞질렀으며, 2015년 현재 중국은 미국의 2배에 해당하는 이산화탄소를 배출하고 있다.

중국인들은 유럽, 미국을 합친 것만큼 에너지를 쓰고 있다. 1990년에서 2050년에 이르는 60년 동안 중국에서 배출될 이산화탄소량은 5,000억 톤에 달할 것으로 보인다. 이것은 18세기 후반의 산업혁명에서부터 1970년까지 전 세계에서 배출된 양과 비슷하다. 미국과 유럽이 함께 연간 60만 톤을 감축하는 동안, 중국은 홀로 500만 톤씩 증가시켜왔고, 이는 매우 위협적인 상황이 아닐 수 없다.

문제는 그 총량에 있다. 기후는 연간 상승치가 아닌, 탄소가 축적된 만큼 반응하기 때문이다. 18세기 영국에서 산업혁명이 시작된 이후로 대기의 이산화탄소 수준은 280ppm 수준이었다. 일본이 1950년대 후반 뒤늦게 산업화에 박차를 가했을 때, 이산화탄소의 수치는 더 올라서 315ppm이 되었다. 2013년, 그 수치는 400ppm을 뛰어넘었다. 위험한 수준의 기후변화를 피하기 위해서는 450ppm 선을 넘지 않도록 해야 한다. 사실 450ppm 근저도 기후변화에 매우 위협적인 수치이다.

전문가들은 2037년쯤이면 이산화탄소 수치가 한계점에 도달할 것이라고 말한다. 한쪽에선 한계 수치를 550ppm까지 잡고 있다. 어찌됐든 중국은 지금도 그날을 재촉하는 거대한 오염배출국이다.

만일 중국이 이산화탄소 배출문제 등에 요지부동으로 관심이 없다면, 전 세계는 다른 자구책을 마련해야 한다. 그러나 다행히 중국은 기후변화에 가장 취약한 나라이기도 하다. 많은 수의 중국인들이 해수면 높이에서 살고 있기 때문에 중국은 다른 어느 나라보다도 해수면 상승의 위협을 받고 있다. 결국 중국 정부는 탄소세를 도입하기로 결정했다.

또한 위기감을 느낀 중국은 환경오염의 주범인 석탄 에너지를 대체할 재생 에너지와 관련 인프라를 구축하기 시작했다. 대기업들에게 상당 수준의 에너지 제한 조치를 취하고 있으며, 태양 에너지와 풍력 에너지 산업을 눈부시게 발전시켜나가고 있다. 하지만 이러한 노력은 아직 오염물질 감소에 가시적인 효과를 보여주지 못하고 있다.

희망적인 소식도 들리고 있다. 중국 국가에너지국에 의하면, 2013년 10개월 동안 신재생 에너지원의 전력 생산량이 57퍼센트로 늘었다. 이는 1년 전 같은 기간보다 20퍼센트나 더 늘어난 것이다. 재생 에너지는 점차 오염 근원인 석탄보다 전기 발전량에 있어서 더 큰 비중을 차지하고 있으며 석탄 에너지 소비량이 점차적으로 줄어들고 있기는 하다. 매연이 심한 차량 700만 대 통행을 금지하고, 석탄을 태우는 5만 대의 난방로를 폐쇄시켰으며, 발전소와 공장, 하수

오물 처리장 등에 여과 장치를 설치했다. 그 덕분인지 중국에서 석탄 에너지 소비량은 2013년 처음으로 2.9퍼센트 줄어들었는데, 이것은 그린 에너지를 활성화하기로 노력한 지 14년 만에 처음 나타난 감소세로, 의미 있는 성과였다. 리커창 총리는 2015년 전국인민대표대회 연설에서 다음과 같이 말했다.

> 우리는 주요 도시와 시설들의 석탄 소비량을 제로로 만들기 위해 애쓰고 있다. 환경오염은 사람들의 삶의 질을 좀먹고 있으며, 그들의 심장과 폐에 병을 유발시키고 있다. 중국은 2015년에 에너지 집중도를 3.1퍼센트 이상 감소시킬 것이다.

오염관리는 이제 중국의 국가적 관심사 1순위가 되었다. 10월 말, 상하이 정부는 대기의 질을 향상시키는 것을 가장 최우선에 두겠다고 공약했다. 상하이 환경보호국의 2013-2017년 정책인 대기오염 액션플랜에서는, 차량과 산업시설, 발전소 통제를 통해 2012년부터 5년간 20퍼센트의 수준까지 대기먼지, 미세먼지를 낮추겠다고 목표치를 밝혔다. 정부는 시민들이 실제로 대기 상태가 좋아졌다고 느낄 만큼 대기오염 방지를 위해 모든 노력과 조치를 취하겠다고 밝혔다.

한편 중앙정부에서도 2014년 '오염과의 전쟁'을 선포한 뒤 오염원에 대한 강한 제재 조치를 취하고 있다. 중국은 2020년까지 석탄 소비량 1억 6,000만 톤을 감축하고, 비화석 에너지 사용률을 2020년까지 15퍼센트로, 2030년까지 20퍼센트로 향상시킨다는 목표를 정했다. 또한 2015-2020 액션플랜을 통해 석탄 소비를 줄이고, 수력, 원자력, 풍력, 태양 에너지 같은 청정(무공해) 에너지 체제로 전환하겠다는 야심찬 계획도 내놓았다.

중국의 2015년 에너지 정책의 핵심은 석탄 에너지 효율을 향상시키고 환경기준을 엄격하게 세우는 것이다.

> 심각한 스모그의 영향을 받는 지역들은 과잉 생산을 하는 산업체들이 집약된 곳인데, 사실상 에너지를 절약하는 것이 어렵습니다. 그러나 우리는 에너지 집중도가 높은 프로젝트의 수를 조절하고 석탄 에너지 사용을 줄이며 대체 에너지를 사용하기 위한 정책을 집행할 것입니다.

에너지 관료인 누얼 바이커리는 어렵지만 가야할 길을 갈 것이라고 말했다.[46] 지독한 스모그와 지하수 오염 같은, 중국이 현재 직면한 복합적이고 거대한 오염위기를 해결하려면 수십 년의 대장정이 필요할 수도 있다.

BEIJING
SMOGEDDON

PART 4

국제협력과 가능성

국경을 초월한 문제는 국경을 초월한 협력으로

2013년 환경부와 국립환경과학원이 발표한 2012년 전국의 초미세먼지PM2.5 농도 수치는 경기도(32㎍/㎥)가 가장 심했고, 인천(29.4㎍/㎥), 춘천(27.8㎍/㎥), 서울(25.2㎍/㎥) 순이었다. 미국 뉴욕이 13.9㎍/㎥이고 런던과 파리가 각각 16.0㎍/㎥, 15.0㎍/㎥이니 우리 대도시가 거의 두 배 가까이 높은 셈이었다.

국립환경과학원과 서울대 지구환경과학부 윤순창 교수 팀이 시뮬레이션 수치모델 분석을 통해 2009년에 발표한 연구결과에 따르면, 국내 초미세먼지의 32-60퍼센트는 중국에서 건너온 것으로 분석됐다. 국내 초미세먼지의 이온 성분 중 최대 60퍼센트, 유기·무기탄소 성분 중 약 54퍼센트가 중국의 초미세먼지와 일치했다.[47]

최근 대기오염문제는 한중일 3자 회담의 외교 이슈가 되고 있다. 2013년 5월 7일, 세 나라의 고위 환경 공무원이 일본 기타큐슈北九州에 모였다. 여기에서 세 나라는 해결책을 연구하기 위해 위원회를 설치하는 것에 동의했다. 일본 환경성의 노부데루 이시하라 장관은 NHK와의 인터뷰에서 이렇게 말했다.

> 대기오염과 기후변화는 우리의 공동 의제입니다. 국내 대책과는 별도로, 대기오염문제의 해결에 있어서 일본은 중국, 한국과 별개일 수 없습니다.[48]

윤성규 환경부 장관은 세계 최대 탄소와 오염물질 배출국인 중국이 스모그 예측 기상분야에선 한국과 일본보다도 앞서가고 있다고 말했다. 그렇기 때문에 환경문제 해결의 가장 우선적인 단계는 중국의 신속하고 '정직한' 관련 데이터 제공이어야 한다고 밝혔다.

그러나 한중일의 협력은 민감한 외교적 이슈가 터질 때마다 위태로워진다. 한국과 일본의 독도, 중국과 일본의 센카쿠 열도尖閣列島를 둘러싼 분쟁, 일본의 식민지배 및 침략전쟁에 대한 사과 촉구 등의 이슈들이 첨예하게 부딪힐 때마다 한중일 환경 협력도 위태로워진다.

2013년 5월 하시모토橋下徹 오사카 시장은 "제2차 세계대전 동안 일본군의 규율 유지를 위해 위안부는 '필요악'이었다"는 발언으로 한국과 중국의 심기를 건드렸다. 이 뉴스가 보도된 직후 중국의 환경보호부 부장인 저우성셴周生贤은 일본 일정을 취소했다. 쓰촨 성 대지진 관련 일정이 먼저 잡혔기 때문이라고 했지만, 일본 언론들은 그의 불참이 센카쿠 열도로 인한 긴장관계 때문이라고 보도했다.

한편 일본의 『요미우리 신문』讀賣新聞은 대기오염으로 인한 스모그 문제는 아마도 중국과 일본 모두에게 다른 이슈를 묻어버리게 할 것이라는 사설을 게재했다.

> 환경보호는 일본과 중국에 있어 함께 해결해야 할 심각한 현안이다. 센카쿠 열도로 인한 불화를 넘어서야 한다. 중국 대기오염에 대한 상황의 긴급함은 양국 모두 명백하게 알고 있다. 일본은 환경방지 노하우와 기술을 가지고 있다. 일본이라면 분명히 중국의 상황을 호전시킬 것이다.[49]

2007년, 한국은 중국에 수천 그루의 나무를 보냈다. 조림을 통해 사막화를 막고 황사를 완화하기 위한 근본적 처방이었다. 그러나 중국 정부는 이 나무를 고속도로 가로수로 심었다. 한국 입장에서는 중국의 사막화 방지 및 대기오염 완화는 절대 포기할 수 없는 사안이다. 한국과 중국 자원봉사자들은 직접 고비 사막에 400만 그루의 나무를 심었다. 중국 정부는 향후 지원하는 나무는 환경오염을 방지하는 데 적절한 위치에 심도록 노력하겠다고 답했다.

중국이 적극적인 대기오염 방지 조치를 취하기 위해서는 일정 정도의 경제성장률을 포기해야 하는 상황이다. 중국과의 통상으로 이익을 얻는 우리의 경제도 매년 1.6퍼센트 정도의 성장을 포기해야만 한다.[50]

그러나 정치·경제적 사안과 별개로 베이징도, 서울도, 도쿄도 더 이상 중국의 스모그를 방치할 수는 없다. 이대로 둔다면 대기오염으로 인한 피해가 향후 더 커질 것은 명약관화한 일이다. 동북아시아 3개국은 영토와 역사적 분쟁을 넘어서는 유례없는 환경오염 대전에 협력해야 한다. 특히, 중국과 일본 사이에 위치하여 중국 스모그와 일본 원전 사고의 피해를 고스란히 받고 있는 한국은 한중일 협력을 통한 환경오염 방지에 최선을 다해야 한다. 한중일이 국경 없는 연대를 한다는 것은 환경문제에 희망의 조짐이 보이기 시작한다는 의미이다.

대외적으로도 중국은 한국, 일본뿐 아니라 동남아와 중앙아시아의 국가들과도 환경협력을 주요 사안으로 다루면서 역내 다자기구를 통해 환경협력을 강화하고 있는 추세이다.[51]

역사적 전환점,
중미 기후변화협약

중국의 환경문제를 이해하기 위해서는 국내적·국제적 측면 사이에 매우 복잡한 연결고리가 있다는 사실을 알아야 한다. 전 세계 정치·외교·경제 전문가들은 중국의 성장 속도와 규모에 놀라워하고 극찬해왔다. 세계적인 다국적 기업들은 앞다투어 중국에 공장을 세움으로써 저렴하게 물건을 생산해 엄청난 수익을 거두었다. 또한 중국의 거대한 내수시장과 수출 경쟁력에 대한 기사들이 날마다 봇물처럼 쏟아져 나왔다.

그러나 경제성장의 뒤편에서 환경이 이토록 파괴될 때까지, 그래서 중국이 단일 국가로선 역사상 최악의 오염국으로 세계의 고민거리가 될 때까지 대부분의 환경 전문가들은 이 부분에 대해 침묵하고 있었다.[52] 제니퍼 터너Jennifer Turner는 중국 환경 포럼China Environment Forum에서 다음과 같이 꼬집어 말했다.

> 중국의 환경오염은 전 세계가 눈을 감고, 모른 척했기 때문이다. 특히 미국인들은 중국 오염과 밀접한 관련이 있다. 매우 많은 미국 회사들이 중국에 가서 공장들을 세우고 방대한 양을 메이드 인 차이나로 생산해왔다. 중국 지방정부에선 환경오염에 대한 책임을 묻지 않았기 때문에 당연히 가격은 저렴했다. 우리의 값싼 생산품들은 모두 중국의 환경을 대가로 이루어진 것이다.[53]

중국의 환경오염이 글로벌 이슈로 등장하면서 그동안 환경규제가 느슨한 중국 땅에서 마음 놓고 온실가스를 배출했던 선진국들은 뒤늦게 중국에 강력한 환경규제를 요구하고 나섰다. 하지만 공룡처럼 거대해져버린 환경문제로 당황하고 있는 중국이 하루아침에 선진국 수준의 환경규제를 하기는 어렵다는 입장이다. 그렇게 팽팽한 입장 차를 보여왔던 양측은 최근 빠른 속도로 악화되는 기후변화 위기를 함께 체감하며 다양한 방법을 통해 서로 협력하여 중국의 환경문제를 해결해나가는 방향으로 가닥을 잡았다. 그러한 노력의 결과로 2014년 11월 미국과 중국은 워싱턴에서 열린 정상회담에서 향후 15년 동안 온실가스 배출을 줄이는 데 합의하는 것을 골자로 한 중미 기후변화협약US-China Climate-Change Agreement을 체결했다.[54]

이 협약에 따르면, 중국은 2030년까지 탄소배출량을 줄이기 위해 재생 에너지 비율을 전체 에너지 비율의 20퍼센트까지 끌어올리겠다고 선언했다. 미국도 기업의 탄소배출을 2025년까지 2005년 대비 최소 26퍼센트까지 줄이기로 했다. 미국과 중국은 전 세계에서 가장 많이 온실가스를 배출하는 나라로, 이 두 나라가 배출하는 온실가스 규모는 전 세계 배출량의 1/3 이상을 차지하고 있다.

환경 전문가들은 이 합의를 '획기적인 약속'Landmark Commitments 이라고 부른다. 유엔 기후변화협약의 사무국장인 크리스티아나 퍼거리스Christiana Figueres는 매우 기뻐했다.

> 이러한 선언은 사기업과 세계 금융시장에 글로벌 정책이 향후 어디로 향할지 명백한 신호를 보내는 것이다.[55]

미국에서 가장 오래된 에너지 전문 연구기관인 하우스 에너지 경제위원회The House Committee의 임원인 헨리 왁스먼Henry A. Waxman도 다음과 같이 평가했다.

> 지구의 기후는 이날의 협약으로 운명적 전환점을 맞이했다고 역사는 후에 기술할 것이다.[56]

반면, 이 협약의 실행 가능성에 대해 회의적인 시각도 없지 않다. 미국 상원의원인 미치 맥코넬Mitch McConnell은 중국의 실행 과정을 감시할 아무런 조치가 없는 이번 협약에 대해 매우 회의적이었다.

> 이 합의문은 중국에겐 16년간 아무것도 요구하지 않고 있다. 그러나 미국에는 탄소배출 제한으로 대혼란을 초래할 것이다.[57]

미국도 이 협약을 이행하는 게 결코 만만치는 않다. 에너지 자원에 대한 세금 부과와 오염물질 규제로 타격을 받을 수밖에 없기 때문이다. 석탄 규제는 15만 명이 넘는 광부들과 트럭 운전사, 그리고 석탄 발전소에서 일하는 사람들을 실직으로 몰고 갈 것이다.

그뿐만 아니라 경제성장률이 둔화되고 있는 상황에서 중국이 과연 환경보호를 위해 저비용 고효율인 석탄을 포기하고 고비용 저효율인 친환경 에너지로 전환할 수 있겠는가 하는 의문을 제기하는 사람이 많다. 갈수록 높아지는 에너지 비용을 감당하려면 중국의 경제는 더욱 더 곤두박질할지도 모른다. 그런 위험을 감수하면서까지 환경을 지켜야 한다는 강력한 의지가 있는가를 좀 더 확인하고 싶어 하는 심리가 강하다.

중국의 탄소배출은 고공행진을 거듭해왔다. 중국은 지금도 석탄 발전소를 거의 매달 하나씩 짓고 있다.[58] 그들은 미국으로부터 엄청난 양의 석탄을 수입했고, 러시아에 가서는 엄청난 양의 기름과 가스를 수입하는 3,000억 달러(약 350조 원 규모)의 계약Pipeline Deal에 서명했다. 이런 중국이 과연 자국의 석탄연료 사용을 줄일 것이라 기대해도 좋은 것인가.

설상가상으로 협약 체결 후 중국의 미적지근한 태도가 이런 우려에 더욱 부채질을 했다. 미국의 경우 기후변화협약 체결 직후 즉각적으로 전 세계 언론을 통해 대대적으로 보도했다. 이에 반해 중국은 시진핑 국가주석과 오바마 대통령의 성명이 있은 몇 시간 후, 간단한 요약 기사를 공식 뉴스채널을 통해 보도했을 뿐이었다.

하지만 이런 문제를 해결하는 중국만의 방식을 이해해야 한다는 의견도 있다. 중국의 저명한 환경운동가이자 공공환경문제연구소 국장인 마쥔은 홍보를 소극적으로 한다고 해서 협약 의무에 헌신하지 않을 것이라는 방향으로 해석할 수는 없다고 설명했다.

> 중국의 관심은 서구와 좀 다릅니다. 왜냐하면 중국은 미국, 유럽과 달리 대기오염, 수질오염, 토양오염 등 복합적이고 종합적인 환경적 위기에 직면해 있기 때문입니다. 반면에 서구의 경우는 이러한 오염문제를 거의 해결했고 통제관리가 가능하기 때문에 중국도 같은 기준으로 바라보며 지나치게 기후변화에만 포커스를 맞추고 있는 것입니다.[59]

즉 서구의 입장에서는 가장 시급한 문제가 기후변화 대책과 탄소배출 감축이지만 중국의 입장에서 기후변화는 수많은 환경오염문제 중의 일부이기 때문에 이러한 협약을 대대적으로 보도할 필요를 못 느낄 수도 있다는 설명이다.

무엇보다 미국과 중국 간의 이 기후변화협약은 2014년 12월 페루 리마에서 열린 유엔 기후변화협약UNFCCC 당사국총회에서 채택한 리마 결의서를 따른 것이기도 하다. 리마 결의서는 각국이 제출할 감축목표가 "기존 내용보다 진전돼야 한다"는 점을 분명히 한 바 있다. 이른바 '후퇴 금지의 원칙'No Backsliding이다.

더구나 시진핑 국가주석은 해외 귀빈들이 베이징을 방문할 때마다 베이징의 스모그를 엄격히 단속하기로 유명하다. 그런 그가 국제적 망신을 무릅쓰며 협약을 무시할 가능성은 높지 않다. 시진핑 국가주석은 협약이 발표된 날, 국민들에게 다음과 같은 희망을 밝혔다.

> 전 맑고 푸른 하늘, 녹음이 우거진 산, 깨끗한 강을 매일 볼 수 있는 날이 하루속히 오길 고대하고 있습니다. 베이징만이 아니라 중국 대륙 전체에서 우리 아이들이 재미있고 유쾌한 환경에서 숨 쉬고 뛰놀길 희망합니다.[60]

중미 기후변화협약은 또 다른 의미에서 역사적 사건으로 평가되고 있는데 그것은 바로 러시아, 인도와 같은 제2, 제3의 거대 오염국들에게 기후변화에 공동의 대응을 해야 할 필요성을 알려주고 방법을 제시해줄 수 있기 때문이다.

지난 10여 년간, 베이징과 워싱턴 사이엔 경제성장과 환경보호라는 두 개의 끈 중 어느 것도 놓칠 수 없었던 양국의 보이지 않는 긴장감과 염탐, 그리고 불신이 팽배했었다. 그럼에도 불구하고 두 나라는 몇 달 간의 대화를 통해 바람직한 협의와 실질적인 협력 모델을 구체화시켰다. 물론 오바마 대통령의 임기가 2017년 1월로 끝나면 후임자가 입장을 바꿀 수도 있다. 하지만 환경문제는 이미 개별 국가만의 문제가 아니라 인류 공통의 중대사안이기 때문에 환경에 관한 공동 노력에 큰 변화는 없을 것이란 시각이 일반적이다.

중국의 환경적 위기를 기회로 보는 이들

중미 기후변화협약을 기회로 보는 이들도 있다. 이 협약이 체결되자 마치 기다렸다는 듯 발 빠르게 움직이고 있는 사람이 바로 에릭 가세티Eric Garcetti 로스앤젤레스 시장이다. 그는 2015년 15, 16일 이틀간 열린 중미 기후변화지도자회의US-China Climate Leaders Summit에서 미국과 중국의 주요 도시 시장들을 초청하겠다고 발표하면서 중미 기후변화협약에 세간의 관심을 집중시켰다.

오바마 정부의 기후변화 태스크포스의 회원 중 한 명이기도 한 가세티 시장은 자신의 제안에 대해 백악관을 비롯한 다수의 미국 측 인사들, 그리고 선전과 상하이를 포함한 중국 도시의 시장들과 논의한 결과, 열광적인 반응이 있었다고 밝혔다.

2015년 11월 가세티 시장이 중국을 방문한 목적은 환경 이슈였다. 그는 베이징에서 열린 청정기술 비즈니스 연계 행사에도 참여해서 탄소배출 관련 회의를 로스앤젤레스에서 개최하자고 시장들을 설득했다. 그는 도시가 가장 많은 탄소를 배출하므로 탄소배출 감축이 가장 먼저 시작되어야 하며, 도시의 지도자들이 다양한 경험을 나누고 공동 대처해나갈 필요가 있다고 주장했다.

그는 로스앤젤레스에 기반을 둔 천연 기름 흡수제를 생산하는 회사인 세이브소브SaveSorb의 중국 본부 개소식에도 모습을 나타냈다. 베이징 대학교의 스탠퍼드 센터에서는 도시화와 지속 가능성에 대한 강연을 했다.[61] 뿐만 아니라 미국과 중국의 기후변화협약을 계기로 중국 내 주요 도시들과 환경 네트워크를 구성하여 로스앤젤레스를 미중 간 환경공동체의 핵심도시로 만들기 위해 동분서주하고 있다.[62]

가세티 시장의 발 빠른 행보는 중국과 인접해 있는 한국이 눈여겨보아야 할 부분이다. 사실 한국은 중국 환경오염의 피해자이면서도 여전히 중국을 정치·역사적으로만 바라보는 전통적 시각에서 벗어나지 못하고 있다. 오늘날 한국에게 중국은 정치·사회적인 중요도 못지않게 환경공동체로서의 존재감이 크다. 그러므로 환경적인 측면에서 중국의 현실을 파악하고 이에 대처하는 노력을 기울여야 한다.

중국 환경오염의 진원지인 중국 서부의 내륙 지역은 중국 소수민족의 본향으로, 자원은 풍부하나 민감한 생태계를 갖고 있다. 태평양과 맞닿아 있는 동부 해안지대와 떨어져 있는 지리상의 이유로 경제적 발전도 지연됐다. 또한 오랜 세월에 걸쳐 무분별한 자원착취로 삼림파괴와 사막화가 빠르게 진행되어 생물다양성과 생태계가 심각한 위협을 받고 있다. 이러한 상황을 해결하기 위한 노력 중 하나가 민간기구들을 중심으로 친환경적인 라이프 스타일과 비즈니스를 위한 새로운 모델을 도입하고 있는 것이다.

중국의 비정부기구NGO들은 지역 거주민들에게 주인의식을 심어주는 것을 가장 중요시한다. 자연을 생계에 필요한 수단으로만 보는 시각에서 벗어나 더불어 조화롭게 살아야 한다는 인식을 심어주고, 그것만이 자연을 재앙으로 만들지 않는 유일한 방법임을 알리기 위해 노력하고 있다. 그 성공사례 중 하나가 쓰촨 성 자연보호구역인 펑퉁자이蜂桶寨다.

펑퉁자이 주민들은 전통적으로 해오던 무단벌채나 생태를 해치는 외래종 식물을 심는 행동을 중지했다. 대신 그들은 글로벌 환경연구소로부터 전문 양봉업자가 되기 위한 교육을 받아 유기농 양봉으로 얻은 꿀을 지역 유기농 식품회사에 납품하고 있다. 지방정부에서는 이들이 자연환경을 훼손시키지 않는다는 것을 전제로 농사자금을 융자해주고 있다.

중국은 2014년 워싱턴에서 열린 미중 환경 포럼에서 이 펑퉁자이 지역의 성공사례를 소개하며 이 모델이 중국 내에서 빠르게 확산되고 있다고 보고했다. 이러한 변화는 포럼에서 큰 관심을 모았다. 중국에 기반을 둔 글로벌 환경연구소Global Environmental Institute의 지아만 진Jiaman Jin은 쓰촨 성 주민들이 스스로 삶의 뿌리인 환경을 보호하는 데 앞장섰을 뿐 아니라 그들의 환경을 위협한 발전소와 제지 공장으로부터 피해보상까지 받았다고 소개했다.

하지만 이러한 사례는 매우 드물다. 중국 서부의 소수민족들은 여전히 삼림, 초지, 한계농지와 다른 천연자원에 그들의 생존문제가 달려 있다고 생각한다. 그래서 지금도 여전히 주민들 중 상당수가

지속 가능한 방식으로 자원을 활용하지 못하고 있다.[63]

이런 상황에서는 '천연자원 보호와 소수민족의 재정적 이익의 균형'을 되찾는 길을 찾는 의무가 정부에게 있다. 하지만 베이징은 2015년 여름 그들의 심각한 환경문제를 들추어내어 국민들에게 폭로하는 해외 비정부기구들의 중국 내 활동을 제한하는 법Foreign NGO Management Law의 초안을 만들었다. 이 사실이 알려지자 중국과 환경 협력을 해오던 미국과 유럽의 환경단체들이 들고 일어나 논쟁이 치열하다. 2016년 초반인 지금까지도 의회 결의를 하지 못하고 초안 단계에서 머물고 있지만, 만약 이 법안이 통과된다면 중국 비정부기구와 미국 등 해외 비정부기구는 협력이 사실상 불가능해질 것이다. 시대를 역행하는 엄청난 오류가 아닐 수 없다.

친환경 베이징으로 가는 길, 재생 에너지와 탄소전쟁

일본의 저명한 에너지 전문 연구기관인 일본 에너지경제연구소The Institute of Energy Economics, Japan는 2014년 아시아와 세계 주요 국가의 에너지 수급 및 이용실태에 관한 조사결과를 발표했다.[64] 이 조사에 따르면 2040년 아시아 지역의 일차 에너지 소비 증가량은 3,526Mtoe, 즉 100만 톤에 달할 것으로 예측되는데, 이는 향후 28년 동안 전 세계 에너지 소비 증가분의 60퍼센트가 아시아 지역에서 발생하게 된다는 뜻이다. 특히 중국과 인도의 에너지 소비가 2040년까지 아시아 지역 에너지 소비 증가분의 74퍼센트, 전 세계 에너지 소비 증가량의 46퍼센트를 차지하면서, 글로벌 에너지 소비 증가를 이끌게 된다는 것을 말한다.

하지만 중국의 에너지 구성은 과거와는 상당한 변화가 있을 것으로 예상된다. 경제성장과 환경오염의 완화라는 두 마리 토끼를 잡기 위한 중국의 에너지 정책상 큰 변화는 재생 에너지 프로그램에 관심을 쏟고 있다는 것이다. 2010년 수립한 중국 정부의 목표는 2020년까지 재생 에너지로부터 20퍼센트 정도의 에너지를 해결하는 것이다. 이것은 유럽과 똑같은 목표이다. 이 중 가장 큰 몫을 차지하는 것이 수력 발전으로, 2012년까지 총 에너지의 15퍼센트 정도를 생산해냈다. 아직 원자력 발전은 전체 에너지 생산의 2퍼센트 정도만 차지한 반면, 풍력과 태양 에너지에 거는 기대가 크다.

재생 에너지의 큰 투자자인 중국이 재생 에너지에 쓴 예산은 2011년부터 2015년까지 5년간 약 1조 8,000억 위안(약 320조 원)이나 된다. 국가개발개혁위원회의 부위원장인 지에전화解振华는 중국이 에너지 절감과 온실가스배출 감소를 위해 2조 3,000억 위안(약 410조 원)을 더 투자해서 2020년 전까지는 에너지를 사용하는 모든 경제단위의 탄소배출을 45퍼센트 감축할 계획이라고 밝혔다.[65] 재생 에너지에 대한 중국의 이러한 투자는 다른 나라들을 부끄럽게 만들 정도다.

이러한 노력에 힘입어 이미 중국은 전력 생산량 중에 재생 에너지원이 57퍼센트나 된다. 정부의 강한 의지가 기업들에게 알려지면서 중국의 대표적인 석유화학기업인 중국석유화공그룹SINOPEC Group은 229억 위안(약 4조 원) 규모의 재생 에너지와 기후변화 관련 프로젝트를 발표했다.

그러나 안타깝게도 이러한 재생 에너지에 대한 기대와 투자는 아직까지는 효과를 거두지 못하고 있다. 기술과 경험, 노하우 부족 때문이다. 중국과 미국은 비슷한 규모의 풍력 발전 설비능력을 가지고 있으나, 미국은 중국보다 40퍼센트 이상 더 많은 에너지를 생산하고 있다. 중국은 지리적으로 풍력 발전소를 갖추기 좋은 조건을 갖춘 곳이 많다. 그러나 가지고 있는 조건에 비해 아직은 기술과 경험이 부족하다. 예를 들면, 중국의 풍력 발전소는 바람이 불면 엄청난 에너지를 생성해내는데, 이 파워가 너무 세서 중국의 노후된 전력망이 견디지 못해 종종 퓨즈가 나간다. 그래서 풍력 발전소는 어쩔 수 없이 플러그를 연결해놓지 않는 경우가 많은데, 그러면 바람이 부는 타이밍을 놓치는 아이러니가 생기는 것이다. 그래서 미국과 규모와 수적인 면에서 비슷할 수 있으나 전력 생산 효율은 한참 미치지 못한다.

동시에 중국은 탄소 집중도를 줄이는 데 노력하고 있다. 최근 중국의 탄소배출은 GDP의 성장보다 낮은 수준을 유지하고 있으며 이는 세계 평균치보다 조금 나은 수준이다.[66] 세계은행이 조사한 세계 주요국의 석탄 에너지 사용현황을 보면, 중국은 2005-2009년 사이 총 20퍼센트 정도 줄어들었다. 중국 정부는 2020년까지 약 20퍼센트를 더 낮출 계획이다.

경제계 주요 1,000개 기업에 에너지 효율을 높이도록 하는 정책을 시행한 것도 긍정적이다. 기업들은 중앙정부의 요구대로 에너지 효율을 맞출 것에 합의를 했고, 새로운 건축 친환경 규범 및 환경통제 장치를 설치하기로 약속했다. 이런 조치는 중국 내 환경오염을 주도하는 1만여 개의 기업에도 확장되고 있다.

석탄은 오염문제만 아니라면 여러모로 유용한 에너지원이다. 일단 저비용으로 많은 전기를 생산할 수 있어 효율적이다. 또한 태양이나 바람처럼 기후의 영향을 받지 않는 일관성이 있다. 고온·고압의 물을 지하로 투입해 추출하는 셰일 천연가스에 대한 바람은 크나 물 부족으로 불가능한 형편이다. 그렇기 때문에 가까운 미래에도 중국은 석탄을 주요 에너지원으로 쓸 수밖에 없지만 장기적으로 석탄 에너지 의존도에서 벗어나야 할 필요를 절감하고 있다.

탄소배출권 거래제도가 시행 중인 국가나 지역단위에서, 규제 대상인 사업자의 대응방법은 두 가지다. 하나는 공장 가동량을 줄이든지 기술적인 혁신을 통하든지 어쨌든 공장 굴뚝에서 배출되는 탄소량 자체를 감축하는 것이고, 다른 하나는 탄소배출 오프셋off-set이다. 이것은 시장에서 구입 가능한 탄소배출권을 구매함으로써 탄소배출에 대한 비용을 상쇄(오프셋)하는 것이다.

중국은 단계적으로 탄소배출량을 줄이기 위해 처음으로 오프셋을 단행했는데 그 첫 번째 프로젝트로 2개의 풍력 발전소 건설을 승인했다. 원래 중국은 세계 최고의 풍력자원 보유국이다. 석탄 발전소는 비용 대비 전력 생산 효율이 높긴 하지만 탄소 등 오염물질 방출량이 많다. 반면 풍력 발전소는 비용대비 전력 생산 효율이 떨어지긴 하지만 석탄보다는 탄소배출율이 낮다. 이렇게 현저하게 낮은 탄소배출로 동일한 에너지를 확보하는 풍력 발전소를 설립할 경우, 유엔이 그에 상응하는 탄소배출권을 인정해준다. 주요한 오염원인 제공자인 사업자에게 저비용의 배출감소 옵션을 제공하는 것이다.

중국이 설립하기로 한 2개의 풍력 발전소는 석탄발전에 비해 매년 100만 톤의 탄소배출을 줄이는 효과가 있을 것으로 예상되기 때문에 탄소시장 규제자인 천연자원보호위원회NRDC의 승인을 받았다.

또한 중국은 탄소배출 억제목표를 세우고 시범적으로 7개의 지역에 탄소거래 계획을 개설하는 중이다. 7개 지역에서 시범적으로 시행된 탄소배출권 거래가 성공적으로 이루어지면 2021-2025년 사이에 점차 전국적으로 확대 실시할 예정이다.

이러한 계획이 정말 시행될지에 대한 많은 의구심과 회의적 시각은 존재한다. 중국의 탄소배출은 매년 조금씩 줄어들고는 있지만, 2050년까지 중국은 탄소배출량을 7,000억 톤가량 감소시켜야 하는 도전에 직면해 있다. 그리고 향후 20년간 중국은 에너지 사용량이 더 늘어날 가능성이 높다. 시골이 도시화되면 1인당 탄소배출량과 에너지 사용은 배로 늘어날 것이고, 산업화가 완전하게 이루어지고 나면 도로를 운행하는 차량은 지금보다 10배가량 늘어날 예정이다.

하지만 최근에 관측되는 중국 정부의 의지가 지속적으로 유지된다면 중국은 환경오염을 효과적으로 줄이면서도 성장과 개발을 해나갈 수 있을 것이다. 중국의 지도자들은 그 어느 때보다도 기후변화에 대한 도전과 희생의 필요성을 이해하고 있고, 그들만큼 강력한 제재 조치와 상응하는 보상정책을 통해 이 문제에 집중하고 풀어나가려는 나라도 없다. 중국은 이미 다른 많은 나라들의 시행착오에 대해 익히 알고 있고, 환경문제를 풀어나가는 데 경험이 풍부한 이웃나라들을 협력자로 확보했다.

이러한 변화를 지켜본 세계 각국은 중국을 매력적인 투자대상으로 보고 있다. 다양한 국제개발 에이전시를 비롯해 기후변화 전문 연구기관들의 분석에 따르면[67] 중국은 세계에서 가장 큰 풍력 발전소와 태양 에너지 발전소가 있으며 동시에 이런 재생 에너지 수요가 가장 큰 시장을 갖고 있다. 거대한 내수시장을 갖고 있는 것이다.

재생 에너지 시장도 마찬가지다. 일조량이 풍부하고 바람의 땅이라 불리는 드넓은 사막이 펼쳐져 있는 나라가 왜 이런 심각한 환경오염 국가가 되었는가를 의심할 만큼, 중국은 스스로 충분히 환경문제를 풀어갈 수 있는 자연조건을 갖추고 있는 나라이다. 그러므로 결론은 하나, 중국이 마음만 먹는다면 환경문제 역시도 성공적으로, 그리고 생각보다는 아주 빠른 시간 안에 해결할 수 있는 필요충분조건을 갖추고 있다.

BEIJING SMOGEDDON

PART 5

에코차이나를 위한 제언

베이징 스모겟돈 탈출을 위한 세 가지 조건

캘리포니아 대학 로스쿨UCLA School of Law의 환경법 전문가인 알렉스 왕Alex Wang은, 중국 정부가 환경보호를 근본적으로 실천하기 위해서는 경제성장, 사회 안정, 한 자녀 정책처럼, 환경보호가 당의 가장 중요한 선언으로 우선순위가 매겨져야 한다고 주장한다. 효과적인 환경적 정치질서가 세워지기 위해서는 새로운 법뿐만 아니라 튼튼한 이행 매커니즘, 책임 있는 정권, 제도 정비 등이 뒷받침되어야 실효를 거둘 수 있다.[68] 이런 현실 속에서 중국 정부가 환경정책에서 성공을 거두기 위해서는 다음 세 가지 국가체질의 개선이 선행되어야만 한다.

첫째, 중국 정부의 거버넌스 능력이다. 중국의 환경문제가 중앙정부의 강력한 정책 방향 설정과 지방정부의 충실한 이행에 달린 만큼, 중국은 이 기회를 계기로 환경문제에 관한 중앙정부의 확실한 거버넌스 능력을 확보해야 한다.

일단 2013년 시진핑 국가주석의 취임과 함께 이를 위한 긍정적인 움직임이 시작되었다. 시진핑은 취임 당시 국유기업 개혁을 천명했었다. 그로부터 2년 뒤인 2015년 9월, 그는 부패와 비효율에 젖어 있는 국유기업을 대대적으로 개혁하기 위한 조치를 단행한다. 개혁의 핵심은 2020년까지 국유기업의 지분을 점진적으로 민간에 개방하고 방만한 기업을 통폐합하는 한편, 경영 자율성을 보장하겠다는 것이다. 동시에 중앙정부 산하의 120개 국유기업을 40개 수준으로 통폐합하겠다는 원칙도 확고히 했다.

사실 중국의 국유기업 개혁은 중국 경제의 해묵은 과제다. 중국의 국유기업은 무려 15만 5,000개, 연매출 약 47조 위안, 우리나라 일 년 국가 예산(약 400조 원)의 150배 가까운 어마어마한 규모다. 상위 500개 기업 중 80퍼센트를 차지하는 국유기업은 중국 GDP의 2/3를 차지한다. 수십 년간 쌓아온 막대한 자산과 중국 정부의 전폭적인 지원을 등에 업고 중국 경제계에서 '해가 지지 않는 제국'으로 군림해왔다. 동시에 고인 물과 같은 이들 국유기업은 부패와 비효율로 점철된 중국 경제의 늪이기도 하다.

심지어 2000년대 이후엔 중공업분야의 국유기업들이 서로 경쟁적으로 설비를 늘려 조선과 철강·석유화학 등에서는 설비 과잉을 초래했다. 이 과정에서 파생된 부채는 국가경제를 짓누르는 버거운 짐이 됐다. 시진핑 국가주석과 리커창 총리는 신창타이新常態, new normal[69] 정책의 성공을 위해서라도 국유기업을 개혁하지 않으면 안 되는 상황에 직면해 있다. 국유기업 개혁은 단순히 환경오염을 일으키는 폭식경제와의 결별일 뿐 아니라, 정치적으로도 마부위침磨斧爲針

(도끼를 갈아 바늘을 만든다. 어떤 어려움이 있어도 끈기로 목적을 이룬다는 뜻)의 의지로 해결해야 하는 사안이다.

물론 개혁의 성패를 가늠하긴 어렵다. 중국은 덩샤오핑 시절인 1978년 국유기업의 소유와 경영을 분리하는 1차 개혁을 단행한 바 있다. 본격 개방에 나선 1990년대엔 주룽지朱鎔基 총리의 주도로 수천 개의 국유기업을 폐쇄하는 조치를 취했다. 하지만 이후에도 중국 국유기업의 부패와 방만한 경영은 사라지지 않았다. 이번 조치 역시 국가와 공산당의 지배적 지위와 통제권을 건드리지 않는 선에서 민간참여와 경영 자율성 확대를 꾀한다는 한계가 뚜렷하다. 이런 점 때문에 국영기업의 체질을 근본적으로 바꿀 수준은 아니라는 회의론이 나오고 있다.

중국의 국유기업 개혁은 성장을 다소 희생하더라도 신창타이로 가겠다는 중국 지도부의 의지가 그만큼 강하다는 신호인데, 안 그래도 떨어지고 있는 중국의 경제 활력이 더 움츠러들 수 있다. 이런 우려 때문에 2015년 9월 14일에는 상하이 증시가 2퍼센트 넘게 하락했다. 개혁 과정에서 국제 원자재 값의 급등락이 심화되고 중국 증시발 세계 금융시장 불안이 가중될 가능성도 크다. 그럼에도 중국 정부가 국유기업 개혁과 부패척결이 환경오염을 해결하기 위해 꼭 거쳐야 하는 과정임을 알고 있는 것이다. 만일 중국이 국유기업 개혁에 성공한다면 중국의 거버넌스는 또 다른 도약의 시기를 맞이할 것이다.

둘째, 환경문제의 해결은 환경보호가 경제성장을 저해하는 요소가 아닌, 중국식 녹색 산업의 성장을 견인한다는 긍정적인 시각으로 접근해야 한다. 중국은 현재 최악의 대기오염문제로 인해 오히려 환경 산업의 황금기가 도래하고 있다는 평가가 지배적이다. 실제로 시진핑 집권 초기인 2013년 여름을 중심으로 환경문제에 대한 적극적인 대응이 집중적으로 이뤄진 바 있다. 당시 중국 국무원은 '대기오염방지 행동 계획'을 발표했는데, 이는 환경문제에 대한 해결 노력으로, 환경 관련 산업의 성장률을 약 30퍼센트 이상 끌어올릴 것으로 예상하고 있다.

무엇보다 흥미로운 시도는 2012년 5월 발표된 7대 전략적 신흥 산업의 육성을 담은 '국가 전략적 신흥 산업 발전 계획'에 포함된 산업들이다.[70] 이들 산업은 중국식 녹색 산업 성장 가능성을 예견케 하는데, 7대 전략적 신흥 산업은 에너지 절약 및 환경보호, 정보기술, 바이오, 첨단장비 제조, 신재생 에너지, 신소재, 신에너지 자동차 산업 등이다. 이 중 환경과 관련된 산업을 살펴보면 에너지 절약 및 환경보호, 바이오, 신재생 에너지 세 가지를 들 수 있다.

맨 처음 제시하고 있는 에너지 절약 및 환경보호 산업 육성 계획은 에너지 고효율과 재이용, 오염방지와 안전처리, 자원회수와 순환이용 등의 핵심기술을 확보하고, 고효율 에너지 절약, 첨단 환경산업, 자원순환 이용의 새로운 장비와 기술을 적극 육성할 것을 목표로 하고 있다.

구체적으로 바이오 산업 육성 계획은 바이오 자원 이용, 바이오 합성, 바이오 반응기 등 핵심적 기술과 설비 개발을 강화하여 현대 바이오 산업 시스템을 구축하고 2015년까지 연평균 20퍼센트 성장하는 것을 목표로 하고 있다.

신에너지 산업 육성 계획에서는 원자력, 풍력, 태양 에너지, 바이오, 메탄가스 등의 신에너지를 육성하고 재생 가능한 에너지 기술의 산업화를 추진하여 2015년까지 전체 에너지 소비량 중 신에너지 소비 비율을 4.5퍼센트까지 높이고 일산화탄소의 연간 배출량을 4억 톤 이상 감축하는 것을 목표로 한다. 중점 육성 산업은 원자력 기술 산업, 풍력 산업, 태양 에너지 산업, 바이오매스 산업이다.[71]

한편 중국은 2017년까지 베이징의 대기오염 수준을 25퍼센트, 내몽골 지역은 10퍼센트 이상 개선시키겠다는 계획을 세웠다. 또 GDP 대비 탄소배출량을 2020년까지 2005년 수준보다 40퍼센트 이상 감축하는 목표를 제시하고 있다.

셋째, 중국은 환경문제 해결을 위해 인접 국가들과 구체적인 협력을 추진하는 방안을 적극적으로 고려해야만 한다. 현재 글로벌 환경문제는 선진국의 감축의무를 중심으로 강조하고 있는 '교토 체제'에서 전 세계 국가들의 감축의무 요구로 확대되는 소위 '포스트 교토 체제'로 전환되고 있다. 이 과정에서 중국은 여전히 개도국의 입장을 강조하면서 차별화된 준칙을 마련해야 한다는 입장이다.

그러나 2009년 코펜하겐 기후변화정상회의 이후 중국의 입장에는 미묘한 변화가 감지되었다. 물론 당시까지만 해도 중국은 개도국인 자신의 좌표를 강조하며 환경문제에 있어서 선진국과 같은 잣대를 들이대서는 안 된다는 입장이었고, 온실가스 배출에 대한 선진국들의 역사적 책임을 상기시키며 자신들의 최우선 목표는 '성장과 발전'임을 분명히 했다.

그렇다고 해서 중국이 환경문제에 이전의 태도만을 고수하지는 않았다. 앞서 언급했듯이 중국은 점진적으로 석탄 에너지 사용을 줄이고 효율적인 에너지 사용을 제고해야 한다는 사실을 인식했고, 과학기술을 활용한 환경문제 해결에 적극적으로 함께 하겠다는 뜻을 밝혔다.

이런 중국의 환경문제 해결의 원칙은 국제협력이라는 전제를 부인하지 않으면서도 중국적인 원칙을 고수하는 '공동의 차별적 책임원칙Principle of Common but Differentiated Responsibility'이다. 과거 일관되게 선진국과 개도국의 입장 차이에 초점을 맞추어왔던 기존의 태도와는 사뭇 달라졌다. 다양한 분야에서 중국의 토양에 맞는 방법을 강구하고 진취적인 수준의 목표를 설정하는가 하면 환경문제에 있어서만큼은 적극적으로 국제사회의 경험과 연구를 적극 수용하며 협력하겠다는 자세를 보이고 있다.

중국의 태도변화에 대해 전문가들은 두 가지 요인이 작용했다고 보고 있다. 그 첫 번째는 단연 경제적인 문제다. 환경문제가 원만하게 해결되지 않으면 환경보호를 위한 비용이 늘어날 수밖에 없고 결국 방치된 환경문제는 점점 더 악화되어 중국 경제의 아킬레스건을 무는 전갈로 변할 것이라는 사실을 인식하고 있다. 동시에 환경문제를 가장 효율적이면서 저비용으로 해결하는 데에는 국제사회와의 공조가 무엇보다도 절실하다는 사실을 깨달았다. 사실, 중국은 자연환경을 포함한 생태적 취약성으로 인한 다양한 문제들을 스스로 적기에 해결하기 어려운 현실에 놓여 있다.

두 번째는 중국 내 집권 세력의 변화이다. 최근 중국의 지도층에는 과거 중국 정부의 핵심 세력이었던 구세대가 사라지고, 젊고 국제적 시야를 갖춘 지식인들이 정책 결정권자로 등장하고 있다. 이들은 구세대보다 중국의 환경문제 해결에 매우 적극적이며 다른 어떤 전통적 분야보다 환경문제 해결을 우선시하는 인사들이다. 또한 신구세대 사이에는 최근 일련의 환경 관련 사고를 통해 환경문제를 더 이상 방치할 수도 없고 또한 과거와 같은 방식으로 대처하기에는 시대적인 상황이 변했다는 전략적 인식이 공유·확산되고 있다.

이런 변화가 더욱 구체적인 결실을 맺기 위해서는 내부의 신뢰구조도 변해야만 한다. 중국에서 환경문제는 정부 부처의 주도로 이루어져 왔다. 하지만 환경문제를 해결하기 위해서는 다양한 정부기관과 민간의 전문가들이 협력해야 하며, 동시에 환경문제를 총괄할 강력한 실행력을 가진 감시기구가 있어야 한다. 이를 위해서는 1998년 정부조직개편 때 제거된 환경보호위원회와 같은 감시기구가 적합할 것이다. 이런 기구를 통해서 오염에 대한 비용부터 자원관리, 관계부처 간의 세력다툼까지 광범위한 환경문제를 해결해나갈 수 있는 것이다.

에코차이나,
성공의 키는 거버넌스에 있다

지구에서 수십만 년을 살아온 인류가 환경문제를 인식하기 시작한 것은 불과 50년 전, 그 전환기는 미국이 제공했다. 1969년 즈음, 미국 오하이오 주 쿠야호가Cuyahoga 강이 심각하게 오염되어 어류가 집단 폐사하는 사건이 발생했다. 쿠야호가 강의 오염이 얼마나 심각했던지 강에 엉겨 붙은 오염물질에 불을 붙이면 화재가 일어날 정도였다. 이 일을 계기로 미국은 그 이듬해 환경보호국을 출범시키고 의회는 수질오염방지법Clean Water Act을 통과시켰다. 일본은 1970년에 화학 공장에서 방출된 수은 성분으로 인해 인근 주민이 미나마타병이란 희귀병에 걸리는 충격적인 환경사건이 발생했다. 그 후 일본 역시 강력한 환경법을 제정했다.

1968년 헌법에 환경보전의무를 규정하고 1971년에는 환경보호와 수자원관리부를 설치한 동독은 사실상 유럽에서 선진적 형태의 환경법을 가장 먼저 갖춘 나라였다. 하지만 이것은 사회주의 체제의 우월성을 과시하기 위한 대외 선전용이었다. 1980년대 후반이 되자 스스로 환경문제를 해결할 수 없었던 동독은 서독에 환경협력을 요구했고, 1990년 서독의 동독 지역 환경실태조사 결과 약 7만 군데의 오염 지역이 있다는 사실이 드러났다. 이후 동서독 통일을 위한 제도 정비시기에 서독의 환경법을 동독에 적용하기 위해 '환경개관법'을 제정했고 통일 3개월 전인 7월 1일부터 시행했다. 이후 통일된 독일 정부는 옛 동독의 환경오염 지역을 개선하는 데 10년간 100조 원 가까운 천문학적인 비용을 들여야 했다.[72]

산업시대 프랑스의 주요 도시는 유럽 환경오염의 근원지라 불려도 할 말이 없을 만큼 상황이 심각했다. 화려한 유럽의 대표도시 파리의 뒷골목은 도시의 명성과는 전혀 어울리지 않는 온갖 오염물질과 병균의 온상이었다. 여기에 산업화의 바람이 시작되자 프랑스 전 도시는 그야말로 악취와 매연, 그리고 오염된 물로 인한 문제가 끊이질 않았다.

그때마다 응급조치식의 대응방안을 강구했음에도 불구하고 기업과 시민의 환경보호 의식이 기대에 미치지 못하자 프랑스는 아예 헌법에 환경권에 관한 기본원칙을 수용하기에 이른다. 2004년, 시라크Jacques Chirac 대통령의 발의에 따라 환경헌장은 인권선언과 함께 프랑스 헌법 전문에 삽입되었다. 이에 따라 2005년 3월 프랑스 헌법 전문 서두는 다음과 같이 개정되었다.

> 프랑스 국민은 1789년 인권선언에서 규정되고 1946년 헌법 전문에서 확인·보충된 인권과 국민주권의 원리 및 2004년 환

경헌장에 규정된 권리와 의무를 충실히 지킬 것을 엄숙히 선언한다.

이 조치로 프랑스는 국민의 환경권을 인간의 기본권인 인권만큼이나 중요한 권리로 여긴다는 것을 천명한 것이다. 2007년에는 환경 그르넬이 활동을 시작했다. '그르넬'Grenelle이란 명칭은 1968년 학생혁명 당시 파리 그르넬 가에 위치한 총리 공관에서 정부 대표, 기업 대표 및 비정부기구 대표들이 모여 합의를 이룬 것에서 유래한다. 환경 그르넬은 국가, 지방자치단체, 비정부기구, 경영자 및 노동자 5개 집단의 대표 40명으로 구성되어 프랑스 내 환경 관련 제반 문제를 논의하고 방법을 모색한다.[73]

프랑스 환경헌장은 환경문제 관련 협의, 정보공개, 그리고 국민참여라는 세 가지 특징을 가진 견고한 환경민주주의를 보장하고 있다는 점이 특징이다. 환경정보의 공개와 공중참여의 보장방식을 환경헌장이라는 헌법적 효력을 가진 규범과 환경법전 그리고 관련 국내법이 뒷받침하고 있다.[74]

그런데 아이러니하게도 중국은 환경관련법을 헌법에 명시하는 데 있어 포르투갈(1976)에 이어 두 번째 국가다. 중국은 이미 1978년에 환경에 대한 내용을 헌법에 명시한 바 있다. 인접한 오염대국인 구소련이 1991년에 이를 헌법에 명시한 것에 비하면 가히 혁명적인 환경선진국이라 불려도 될 만큼 환경인식이 앞서 있었다. 그럼에도 불구하고 오늘날 지구촌을 위협하는 환경오염대국이란 오명을 쓰게 된 가장 큰 이유는 거버넌스의 부재 때문이다. 환경문제는 정부의 일방적인 명령하달식 조치만으로는 그 효과를 기대할 수 없다. 때문에 앞서 언급한 프랑스나 뒤에 언급할 독일의 예와 같이 서구 유럽 선진국들은 일찍부터 시민참여 방식을 통한 신개념의 거버넌스를 선택함으로써 환경문제를 성공적으로 해결해냈다.

독일 루르 지역
엠셔 공원 프로젝트와 거버넌스

20세기 들어 독일이 세계 최강의 산업대국이 될 수 있었던 것은 우리가 아는 '라인 강의 기적' 때문이었다. 그리고 그 기적 뒤에는 산업도시 루르Ruhr 지역이 있었다. 탄광도시이자 유럽의 대표적인 철강 산지였던 루르 지역은 독일 중공업의 중심지였다. 독일 경제가 한창 성장하던 1930년대 이후 루르 지역에서는 검은 연기를 내뿜는 공장들이 쉬지 않고 돌아갔다. 당시 루르 지역의 검은 연기는 유럽의 강자 독일의 자랑이었다.

하지만 패전과 동서분할 이후 독일의 경제는 급격히 추락했고, 1960년대 루르 지역은 정부의 지원금으로 겨우 명맥을 이어오다가 1980년대 이후에는 탄광들이 하나 둘 문을 닫기 시작했으며, 대규모 실업으로 노동자들은 거리의 노숙자로 전락했다. 당시 루르 지역 인구 200만 명 중 15퍼센트 이상이 일터를 잃었다.

하지만 그보다 더 심각한 문제가 있었다. 루르 지역 자체가 심각한 환경오염으로 사람이 더 이상 살기 어려운 곳으로 변해버린 것이다. 중공업의 메카로 오랜 세월을 지내는 동안 루르 지역은 독일 최악의 환경오염지대로 떠올랐다. 루르 지역 전역에서 이루어졌던 석탄과 철강채굴, 이에 따른 제련으로 인해 토양은 농업에 치명적인 영향을 줄 정도로 황폐화되었고 루르 지역의 혈맥인 엠셔 강은 악취 나는 폐수로 변했다. 공장에서 뿜어대는 검은 연기는 루르 시를 독일 최악의 스모그 지대로 만들었다. 주민들은 원인 모를 질병과 통증을 호소하기 시작했고 안전한 삶터를 찾아 이주하기 시작했다. 독일 부흥의 주역으로 주목받던 루르 지역은 실업자와 스모그, 폐수의 도시로 전락했다.

환경오염으로 죽어가던 도시를 살리기 위해 다양한 조치가 이루어졌다. 1960년대 말부터 1980년대 말까지 약 20년간에 걸쳐 주력 산업이던 석탄 산업을 종결시키는 한편, 대학을 유치하고 화학, 자동차, 전자, 전기, 시스템 설계 등 산업을 다각화하기 위해 노력했지만, 석탄과 철강 산업 수준의 고용이 창출되지 않아 실업문제를 해결하는 데 한계가 있을 수밖에 없었다. 더구나 100년간 악화되어 온 환경오염문제는 해결의 실마리조차 찾지 못한 채 루르 지역은 계속 침체를 거듭했다.[75]

이런 암담한 상황에서 1989년 루르 지역이 선택한 것이 바로 10년간의 도시재생 프로젝트인 '국제건축박람회 엠셔 조경공원Die Internationale Bauausstellung Emscher Landschaftspark 프로젝트'라는 독특한 이름의 사업이었다. 이 사업의 두 가지 특징은 바로 그 명칭에서도 나오는 건축박람회와 공원이라는 단어에 함축되어 있다.

여기서 건축박람회라는 것은 완성된 건축 프로젝트를 전문가와 일반인에게 공개하는 기존의 방식이 아니라, 10년에 걸쳐 지역의 각종 프로젝트를 마치 박람회를 하듯 공개적으로 진행하는 과정 자체를 가리키는 표현이다. 루르 지역은 먼저 건축 공모전을 통하여 루르 지역의 지역적 특성과 사회적 문제, 다양한 변화의 가능성 등을 시민과 공유했다. 그러자 지방자치단체, 개별기업, 예술가집단, 건축가, 연구소, 주민단체 등 다양한 분야에 있는 수많은 사업가들이 루르 지역의 문제를 해결할 수 있는 사업계획안 공모에 참여했다. 사회 각계각층의 다각적인 토의와 심사를 거쳐 약 400여 건의 사업계획안 중 120개의 사업이 채택되었다.

엠셔 공원 역시 우리가 생각하는 공원이 아니다. 루르 지역 북쪽, 라인 강의 지류인 엠셔 강 유역은 면적이 약 800㎦로 17개 도시에 약 200만 명이 살고 있다. 악취의 진원지로 변한 이 엠셔 강 유역에 생태공원과 테마 공원을 비롯해 아이들을 위한 놀이시설과 도시민들의 휴식을 위한 산책로, 자전거길 등을 조성하고 엠셔 공원 조성에 사용된 기술 및 디자인을 시민들이 보게 하는 기술 및 디자인 센터도 설립했다. 뿐만 아니라 인근에 자리 잡은 수십 개의 도시와 지자체의 오랜 역사와 지역 정체성을 알게 해주는 역사문화유산 박물관과 전시관도 들어섰다. 인간과 자연, 역사와 문화가 하나로 어우러지는 유기적인 공간으로 거듭난 것이다.

엠셔 공원 프로젝트의 가장 큰 특징은 오랜 중공업 중심 정책으로 인해 제 기능을 잃어버린 엠셔 강 유역의 환경·생태·사회·문화적인 문제를 해결하기 위하여 주변의 모든 지자체들과 이해당사자들이 전면적인 협력과 합의를 바탕으로 사업을 추진해나갔다는 점이다.

사업의 성공을 이끈 또 하나의 요인은 사업실행 전담기관인 엠셔 공원공사Emscher Park GmbH.다. 이 프로젝트의 실질적인 재정지원 담당은 유럽연합 및 독일의 연방정부, 그리고 인근의 지방정부 등이었지만, 프로젝트의 실행 및 조정은 엠셔 공원공사가 추진했다. 루르 지역 주정부에 의해 설립된 엠셔 공원공사는 100여 개의 다양한 사업주체들이 사업에 전념할 수 있도록 전체 사업과 개별 사업을 효율적으로 조정하고 유기적인 지원을 함으로써 프로젝트가 성공적으로 이루어지도록 한 실질적인 공로자다.

거버넌스의 롤모델,
엠셔 공원 프로젝트의 성공요인

10년간 루르 지역의 전 지자체와 시민과 전문가들이 지역의 사활을 걸고 추진했던 엠셔 공원 프로젝트에는 세 가지 기본원칙이 있었다.

첫 번째 원칙은 생태성이다. 엠셔 공원 프로젝트는 출범에서부터 생태성을 도시의 기본 생존요건임을 선포했다. 아무리 도시가 경제·사회·정치적으로 발전한다고 하더라도 이를 지속적으로 유지하기 위해서는 건강하고 안전한 생태적 환경이 필수적이라는 사실에 동의했다. 이들은 이미 오랜 세월 생태적으로 파괴된 도시가 얼마나 인간에게 유해하고 위협적인가를 경험했기 때문에 도시가 인간의 안전한 삶터가 되기 위해서는 생태적으로 조화를 이루어야 한다고 생각했고, 단지 녹지를 많이 확보하는 차원에서 그치는 게 아니라, 도시 전체의 생태가 자연 그대로의 모습과 자체 생명력을 회복할 수 있는 차원의 복원과 보호활동을 전개했다. 무엇보다 인상적인 것은 훼손된 자연생태를 회복시키고 함께 공존하기 위해서 시민의 생활

양식과 주거 패턴도 과감하게 바꾸었을 뿐 아니라, 새로 정착하는 산업시설과 교통 시스템을 결정하는 모든 과정에서 생태 중심의 원칙이 최우선되었다.

이를 위해 이루어진 구체적인 사업의 예를 보면, 엠셔 강의 재자연화, 친환경적 주택건설, 지속 가능한 에너지 사용의 확대, 업무지구의 50퍼센트 이상 녹지 확보, 지역을 관통하는 7개의 생태통로, 자전거 여행 자원 개발, 산업과 자연 등의 관광 테마 등이다.

두 번째 원칙은 모든 구성원의 민주적 참여이다. 이 민주적 참여 과정에는 주정부와 기초자치단체에 이르는 공공기관은 물론, 건축가와 예술가, 학자, 도시 전문가 등의 다양한 전문가 그룹, 기업가 단체와 노동조합 등의 이익단체, 마을이나 지구 차원의 자발적인 주민단체와 조합, 개별 주민들에 이르기까지 다양한 형태의 구성원들이 이 프로젝트의 계획과 수립, 그리고 실행 과정에 참여할 수 있는 통로를 보장했다. 이로 인해 프로젝트의 공공성은 더욱 높아졌고, 사업의 아이디어는 더욱 능동적·독창적으로 발전했으며, 참여 범위는 전 시민에게 확장됐다. 이런 과정에서 엠셔 공원 프로젝트는 시민의 삶의 일부로 승화되어갔다. 엠셔 강 주변에 있는 모든 구성원들은 이 엠셔 공원 프로젝트를 통해 하나가 되었고, 저마다 크고 작은 기회를 찾아 엠셔 공원 프로젝트의 일원이 됐다. 이 프로젝트 하나로 엠셔 강 유역 사람들은 인생의 가장 자랑스럽고 즐거운 기억을 공유하는 운명공동체가 된 것이다.[76]

이러한 민주적 참여는 환경문제를 해결하기 위한 거버넌스에 매우 중요한 열쇠이다. 구성원은 자신의 삶에 중요한 의미가 있는 어떤 행사나 현장에 스스로 참여하여 변화의 주역이 될 때, 일방적인 거버넌스에 동원되는 것보다 훨씬 더 의욕적이고 능동적이며 독창적으로 기여할 수 있게 된다. 좋은 예 중의 하나가 바로 한국 축구 응원단 '붉은 악마'다. 축구를 좋아하는 사람이라면 한 번쯤 '붉은 악마'가 되어 월드컵 등 국제경기에 출전한 한국 축구대표팀을 응원하고 싶다는 열망을 품는다. 어떤 대가를 바라서도 아니다. 경기에 반드시 이기기를 바라는 것도 아니다. 그냥 참여 자체가 그들에게 그 어떤 것과도 바꿀 수 없는 기억이자 삶이 되는 것이다.

그런데 스포츠 대회보다 민간과의 협력과 참여를 유도해내기가 더욱 용이한 분야가 바로 환경분야다. 스포츠에는 호불호가 있을 수 있으나 환경은 모두의 생존문제가 직결되기 때문이다. 중국인들의 높은 자긍심을 생각하면 엠셔 공원 프로젝트가 이룬 성공적인 '민주적 참여' 원칙은 어쩌면 중국에서 더 놀라운 성과를 이룰 수도 있다. 세계 그 어느 나라보다 민족적 자긍심이 높은 중국인들이 스스로 참여할 수 있는 민주적 참여의 통로를 만들고 효율적으로 운영한다면, 중국의 심각한 환경문제를 해결하는 데 결정적인 도움이 되지 않을까 생각하게 된다.

세 번째 원칙은 도시재생에 있어 산업유산industrial heritage의 역사문화적 가치를 인정한 점이다. 비록 경기침체와 환경오염이라는 심각한 폐해 때문에 문을 닫았으나 루르 지역에 퍼져 있는 수많은 공장과 탄광은 루르 사람들의 삶이자 역사다. 엠셔 공원 프로젝트는 독일 산업화의 상징이자 역사가 된 이 시설들을 폐기처분하여 그 위에 새롭게 건물과 시설을 짓기보다는 적극적으로 재활용하는 방안

표 2. 엠셔 공원 개별 프로젝트

프로젝트명	내용
엠셔 경관공원	엠셔 공원 핵심 공간 프로젝트. 엠셔 강과 라인-헤르네 운하 사이에 조성된 약 300㎢의 자연경관공원 조성 사업이다. 기존에 있던 남북의 녹지공간에 새롭게 동서로 조성한 녹지를 연결하고, 수백 킬로미터의 자전거도로와 산책로를 만들어 인근 도시 어디에서나 쉽게 접근할 수 있도록 했다.
엠셔 강 생태복원	350킬로미터에 이르는 엠셔 강의 생태적 복원사업으로, 산업화 이후 심각하게 오염된 엠셔 강에 지하 오수관과 정화시설을 설치하여 강을 되살리는 사업이다. 10년간의 사업기간 이후에도 계속해서 진행되었다.
공원 안에서 일하기	버려진 공장터와 건물을 활용해서 새로운 작업공간을 조성하였다. 지식기반, 문화예술분야의 창조적 산업들을 유치하기 위하여 스타트업 센터, 환경기술 센터, 디자인 센터를 설립하였고, 중소기업과 연구기관이 입주했다. 최소 녹지비율 50퍼센트를 유지한다. 겔젠키르헨 과학공원이 대표적인 사례이다.
사회적 이니셔티브, 고용, 교육	지역주민 참여를 높이기 위해 장기 실업자들의 재교육과 일자리 창출을 위한 프로그램을 운영하였다. 다양한 도시 이웃 프로젝트를 통해 사회적 인프라 및 유대감을 강화하고 새로운 생활공동체 형성을 유도한다.
새로운 주거와 도시구역의 발전	주거와 삶의 질을 높이기 위하여 친환경, 에너지 고효율, 그리고 높은 건축미를 갖춘 주택을 건설했다. 사업기간 동안 3,000세대의 주택이 신축되었고 그중 75퍼센트는 공적자금으로 세워졌다. 역사적 가치가 있는 오래된 3,000세대의 노동자 주거지는 문화재 보호 수준에 준해 개량하여 재활용하였다.
산업역사문화와 관광	150년 산업화의 역사를 간직한 다양한 산업역사문화 유산을 철거하는 대신, 공연장, 미술 아틀리에, 박물관, 전시장, 체험시설로 재활용함으로써 지역의 정체성을 보존하고 문화활동 활성화 효과를 제고하였다.

을 선택했다. 산업유산을 재활용하여 자원과 재정을 절약하고 지역의 정체성을 살려 지역민들의 자긍심을 높이기 위해서였다. 무엇보다 박제된, 그리고 버리고 싶은 과거의 유산으로 보는 것이 아니라, 독일의 다른 어떤 지역보다도 많은 땀을 흘리며 치열하게 살아온 루르 사람들의 삶의 방식을 자라나는 세대에게 전해주고, 동시에 지역에 대한 정신적인 친화성을 높여간 것이다.[77]

이러한 원칙 아래서 엠셔 공원 프로젝트는 6개 중점분야를 설정

하고 각 분야에 상응하는 개별 프로젝트를 실시하는 방식으로 진행되었는데 그것은 〈표 2〉와 같다.[78]

이 프로젝트에 대한 국내외 평가는 매우 긍정적이었고 이에 힘입은 루르 지역 사람들은 사업이 종료된 이후인 2000년부터는 중공업 중심이었던 경제기반을 첨단 산업으로 전환하기 위한 '프로젝트 루르'Projekt Ruhr를 추진했다. 추진방식은 엠셔 공원 프로젝트 때와 같이 프로젝트 루르 회사PRG, Projekt Ruhr GmbH.를 통해 효율적으로 시행했다. 사업공모에는 루르 지역 각계각층의 전문가, 시민단체, 공공기관이 참여, 약 440여 개의 사업계획안이 쏟아져 들어왔고 프로젝트 루르 회사는 이 중 70여 개의 사업을 채택하여 진행했다. 이 사업은 유럽연합의 지원금과 주정부 및 루르 지역이 공동으로 출자한 지원금으로 추진되었다.[79] 결론적으로 말하면 엠셔 공원 프로젝트와 프로젝트 루르의 성과는 성공적인 거버넌스의 모범사례로 세계적인 이목을 끌었고, 2010년 루르 지역은 유럽 문화수도로 지정되었다.

루르 지역 거버넌스에서 가장 돋보이는 부분은 중앙정부의 헌신적인 역할수행이다. 대외적으로는 중앙정부만이 할 수 있는 외교적 역량을 최대한 발휘하여 자국 내 지역개발 프로젝트를 유럽 사회 전체의 이슈로 끌어올려 유럽연합 정부의 지원을 끌어들인 반면, 대내적으로는 중앙정부의 개입을 최소화함으로써 전문가와 관련단체, 구성원들이 스스로 과제를 해결해나가도록 유도하여 사업을 공공화하는 데 결정적인 기여를 했다.

한국의 환경 거버넌스 모델 1: 서울 그린트러스트를 통해서 본 시민참여와 거버넌스

중국이 오염의 진원지인 도시의 환경문제를 해결해나가는 데 있어서 반드시 벤치마킹해야 하는 도시가 바로 서울이다. 1990년대부터 심각해진 서울의 대기오염은 2000년대에 들어서면서 정점을 찍었다. 이즈음 중국으로부터 불어오는 황사와 기후변화로 인한 폭우 및 폭설이 반복됐다. 이런 상황에서 서울시가 전문가들의 조언에 따라 선택한 탈출구는 생태서울 복원이었다. 이에 따라 서울시가 구상하고 실행에 옮긴 '그린 비전 2020'은 환경오염의 온상인 대도시가 어떻게 하면 단순히 오염을 줄이는 소극적인 차원에서 벗어나 지속 가능한 성장과 더불어 환경민주주의를 이루어낼 수 있는가를 보여주는 세계적인 성공사례라 할 수 있다.

이를 실행에 옮기기 위해 서울시는 2003년 사단법인인 생명의 숲 운동본부와 파트너십 협약을 맺고 '서울 그린트러스트'를 탄생시켰다. 그리고 지속 가능한 생태도시 재건을 위해 시민참여를 적극적으로 유도했다. 도시의 주인은 시민이고 도시숲의 확대와 수준 높은 유지관리를 위해서는 시민참여가 필수적이기 때문이다. 또한 시설 중심의 도시숲이 아닌 생태적으로 건강하고 지속 가능한 도시숲을 조성해서 운영하겠다는 의지를 분명히 했다. 이와 관련해 도시숲을 통해 도시에 사는 사람들이 같은 공동체라는 의식을 회복할 수 있도록 하겠다는 목표로 다양한 공동체 프로그램을 운영하고자 했다.

서울 그린트러스트의 대표적인 사업은 성수동의 '서울숲' 조성이다. 서울숲 설계팀은 조성 기획단계부터 기존의 다른 숲과는 다른 고민에서 출발했다. 물론 목적은 뉴욕의 센트럴파크나 런던의 하이드파크처럼 서울을 대표하는 도시숲을 만드는 것이다. 하지만 이미 서울에는 양재 시민의 숲을 비롯해 가까운 남산과 우면산에 울창한 숲이 있었다. 그렇다면 서울숲은 어떤 숲이어야 하는가가 고민의 핵심이었다. 결국 설계팀은 서울숲의 이미지를 '생명의 숲, 참여의 숲, 기쁨의 숲'으로 정했다. 평지에 조성되는 녹지에 굳이 공원이 아닌 숲이란 이미지가 붙게 된 것은 '주어지는 시설'이 아닌 '시민이 참여해서 심고 가꾸는 대상'으로서 인식전환을 표방한 것이다.

숲이 조성되는 동안 서울 그린트러스트는 2004년부터 자원봉사자를 모집하고 교육을 실시한 뒤, 이들을 중심으로 '서울숲사랑모임'을 운영했다. 개원이 임박하자 상근 자원봉사자도 선발했다. 이윽고 2005년 6월 서울숲이 개원했다.

개원 초기에는 어려움이 많았다. 공원 수용인원을 초과한 수많은 인파가 서울숲을 단순한 구경거리로 인식하고 찾아왔다. 그로 인해 어린 수목과 꽃, 그리고 잔디가 훼손됐다. 그뿐 아니다. 그해 여름, 시민들은 무더운 더위를 식히려 밤늦도록 숲에 있었다. 서울시 행정담당자는 공원 주변의 불법 주차와 배달음식 차량을 단속하느라 정신이 없었고 시민들이 다녀간 자리에는 쓰레기가 산더미처럼 쌓여 있었다. 공원관리에 전혀 경험이 없던 시민단체는 당황했고, 단속과 계도 위주의 행정관리는 이들의 부담을 가중시켰다.

이때까지 시민들에게 숲은 유원지나 다름없었다. 잠시 편하게 놀다가기 위해 찾은 공간에 불과했다. 때문에 노인들은 밤늦게까지 화투판을 벌였고 음주는 일상이었다. 그 누구도 숲이 삶의 동반자라는 인식을 하지 못했다. 다른 어떤 프로그램보다 숲을 안전하게 지속적으로 지켜야 하는 이유를 알리는 게 급선무였다.

한편 뉴욕 시민들이 센트럴파크를 사랑하는 이유 중 하나는 수십 년을 한결같이 같은 장소에서 공원을 가꾸는 오래된 친구 같은 구역 정원사Zone Gardener가 있기 때문이다. 삶을 가꾸듯 숲을 가꾸며 숲과 함께 나이 먹어가는 그들의 모습은 많은 사람들로 하여금 숲을 '이용하는' 곳이 아니라 '더불어 살아가는 삶의 동반자이자 내 삶의 소중한 영역'이라 여기게 한다. 서울 그린트러스트는 이러한 해외 도시숲의 성공사례들을 연구하며 방법을 찾아갔다.

이후 서울 그린트러스트는 서울숲과 더불어 살아가는 자원봉사자들을 키워내는 데 더욱 힘을 기울였다. 2005-2008년 동안 숲의 생태해설과 체험 프로그램을 운영할 수 있는 전문 자원봉사자 약 200명 정도를 배출했고, 그 결과 2007년 무렵에는 생태해설 및 체험 프로그램을 넘어 서울숲가꿈이, 사진, 영상, 문화 안내자 등 7개 분야에 전문봉사자 150명이 활동할 정도로 성장했다.

또한 공원조성에 함께 했던 기업들의 후원을 받아 청년활동가를 선발해서 시민들을 대상으로 질서를 지키게 하고 숲의 중요성을 알리는 활동을 시작했다. 책 읽는 공원 캠페인을 벌이고, 투명한 비닐 쓰레기통을 통해 분리수거를 활성화했다. 젊은 엄마들을 위한 수유방도 도입했다.

또한 기업의 사회봉사활동을 적극 유치했다. 기업의 사회봉사는 지속적으로 참여하는 '정기적인 사회봉사' 방식이 있고, 신입사원 사회봉사나 창립기념일 사회봉사 같은 '이벤트적인 사회봉사' 방식이 있는데, 예를 들면 스타벅스코리아는 전국 매장의 책임자들이 서울숲에 모여 환경 캠페인을 진행하고 숲을 가꾸는 자원봉사활동을 하고 있다.

대학생들의 봉사활동 학점제를 적극 유치한 것도 큰 성공사례다. 한양대 자원봉사 센터는 서울숲을 2007년 제2의 캠퍼스로 선언하고 서울숲에서의 봉사활동을 학점으로 인정했다. 그 덕에 한 학기 100명 정도의 대학생이 봉사자로 참여했다. 지역사회의 관심을 유도하기 위해 적극적으로 지역주민들의 자원봉사 참여 프로그램을 도입하게 되었고 지금은 '잇츠 마이 파크 데이'로 정착됐다.

서울 그린트러스트의 두 번째 사업은 '우리동네숲 조성운동'이다. 사업시행 첫 해인 2007년, 6개 마을에서 주민들이 중심이 되어 조성한 동네숲이 탄생했다. 25개의 동네숲이 조성되는 동안 지역에 소재한 다양한 기업들이 동네숲 사업을 후원했다. 숲과 함께 일정 규모의 생태텃밭이 조성되면서 마을마다 도시농부가 생겨났다. 이들은 귀농에 성공한 이들에게 강의를 들으며 본격적인 농사를 시작했다. 즉 동네숲과 함께 쾌적한 생활환경뿐 아니라 일자리와 공공 서비스, 그리고 민간 도시농업이라는 산업까지 탄생했다.

그런데 이 모든 과정에서 가장 주효했던 성공요인은 역시 시민 참여와 거버넌스다. 사실 숲 조성에 참여한 기업 중 사회공헌을 기업의 성장만큼이나 중요하게 여기는 몇몇 기업을 제외하고 지속적인 운영관리와 자원봉사에 참여하는 기업은 극소수에 불과하다. 기업의 재원이 있다면 사업이 좀 더 빨리 진전될 수 있겠지만 그것이 지속적으로 이루어질 수 없다면 오히려 더디게 가더라도 끈끈한 관계와 신뢰를 바탕으로 한 시민참여가 최선이었다.

이렇게 시의 지원과 비영리 민간기업의 시행, 그리고 시민과 기업의 사회공헌 의지까지 한데 어우러진 이상적인 거버넌스가 유지됨으로써 사업은 날개를 단 듯 성공적으로 정착했다. 그런데 그 이후 이 사업을 이끌고 가는 핵인 거버넌스를 흔드는 사건이 발생했다.

2009년 '서울숲사랑모임'은 예상치 못했던 위기를 맞았다. 민간위탁에 대한 제도 관련법은 한 단체가 동일 사업을 3년 이상 위탁받지 못하도록 되어 있었던 것이다. 파트너십에 근거하여 50퍼센트 이상 시민 모금으로 사업을 진행하였음에도 불구하고 시로부터 민간위탁금을 지원받았기 때문에 서울숲사랑모임은 해당 법의 적용을 받게 되었다.

결국 서울숲사랑모임은 사업 파트너의 지위를 버리고 서울숲 프로그램 운영 위탁자로서 공개경쟁에 응한다. 다행히 적합사업자로 선정되어 사업을 계속할 수 있게 되었으나 더 이상 파트너십에 의한 의무가 없었다. 서울시와 파트너십을 맺게 되면 매칭펀드에 기반하여 자원봉사자를 모집하고, 모금활동을 수행하게 된다. 서울시에서도 사업비와 인건비를 지원하게 된다. 위상이 위탁사업자보다 높기 때문에 책임과 의무가 많지만 그만큼 시민참여 활성화를 유도할 수 있다. 서울시가 지원하는 위탁사업을 요건에 맞게 수행하기만 하면 되는 위탁자일 뿐이기 때문이었다.

이러한 민간 파트너십과는 달리 민간 위탁자는 서울시의 행정위탁사항만을 수행하므로 자원봉사자를 열심히 모을 이유도 없고 모금을 해야 할 이유도 사라진다. 서울시의 지원금에만 의존하기 때문에 오히려 재정적인 상황은 더욱 나빠지게 되었다. 이로 인해 활발하게 이루어지던 서울숲의 사업들이 활기를 잃어갔다(물론 이후 서울 그린트러스트와 서울시와의 파트너십은 서울숲 외에도 삭막했던 대도시 서울에 생명력을 불어넣는 많은 사업들을 해나가고 있다).

뉴욕 시의 경우 일관성 있는 시민참여와 파트너십으로 도시경영에 성공한 사례다. 뉴욕 센트럴파크가 1960-1970년대 심하게 훼손되자 1980년대 미국 정부는 민관 파트너십 형태의 센트럴파크 관리단Central Park Conservency을 탄생시켰다. 센트럴파크 관리단을 통한 공원보존운동이 보여준 교훈을 몇 가지로 정리해보면, 첫째, 공원 운영의 패러다임 변화다. 1970년대 후반 미국의 재정문제를 해결하기 위해 시작된 민관 파트너십 모델인 센트럴파크 관리단을 탄생시키고 결국 공원을 회복해냄으로써 공원 운영의 패러다임을 바꿨다는 것이다. 민관 파트너십 성격의 도시 생태공원 관리공단은 이제 미국의 모든 공원마다 존재하며 공원을 도심 활력의 중심지로 변화시키는데 중요한 역할을 하고 있다.

둘째, 민관 파트너십은 마라톤과 같이 일관성이 있어야 한다는 것이다. 뉴욕에서 센트럴파크 관리단을 구성했을 당시, 이 시스템은 매우 생소하고 혁신적인 개념이었다. 하지만 센트럴파크 관리단은 경제 침체기에 시의 제한된 지원 안에서도 활발한 기금 모금과 시민 참여를 이끌어냄으로써 공원을 회복시키는 데 성공했다. 실제로 1980년 관리단이 세워진 이래 총 650만 달러(약 76억 원) 이상의 투자를 이끌어내었는데, 이 중 기업 등 민간분야 기금이 470만 달러(약 55억 원)이며 시의 지원금은 110만 달러(약 13억 원)에 불과했다.

셋째, 진정한 공원의 가치를 이해하고 이를 지켜내기 위한 구성원 간의 합의가 있었다. 센트럴파크는 세계 경제 중심지인 뉴욕의 한복판에 당당하게 위치한 100만 평 규모의 공원이다. 이렇다 할 요란한 조형물도, 기억에 남을 만한 수종도 없지만, 센트럴파크는 뉴욕에서 가장 사람들이 많이 찾는 곳으로 2015년 한 해 4,200만 명의 방문객을 기록했다. 이곳은 뉴욕에서 살아가는 모든 사람들의 집이자 쉼터다. 때문에 공원이 공동화되어 황량하게 변했을 때에도 시와 시민들은 공원을 없애고 거기에 유명 기업을 유치해서 경제적인 수익을 얻으려고 하는 대신, 시와 환경운동가 그리고 시민이 하나가 되어 죽어가는 공원을 살려내는 쪽을 선택했다. 그들은 '센트럴파크 효과'라고 불리는 경제·사회·환경적 가치를 모두 인식하고 있었기 때문이다. 실제로 센트럴파크는 적지 않은 안정된 고용창출과 경제활동의 중심지이자 주변 지역의 자산가치를 더하는 요인으로, 또한 뉴욕 시 세수입의 생성원으로 강력한 힘을 가지고 있다.

이런 과정을 통해 센트럴파크는 이전처럼 안전하고 아름다운

표 3. 미국의 도시숲 거버넌스

분류	내용
촉매자로서 시민참여	신규 도시숲, 공원 조성 운동을 하거나 필요에 따라 재정적 지원을 하는 것으로, 도시숲, 공원 조성에 공공기관과 시민이 함께 일하는 유형이다.
보조 운영자	도시숲 내 교육, 프로그램 운영, 자원봉사, 기금 모금과 관련해서 시민이 지자체를 돕는 유형이다.
공동 관리자	계획, 설계, 리모델링, 유지관리를 위해 지자체와 함께 시민이 공동으로 일하는 유형으로, 뉴욕의 센트럴파크가 대표적이다.
단독 운영자	비영리단체가 단독으로 도시숲, 공원을 운영하는 유형으로, 지자체는 제한적으로 참여한다.
시 파트너	도시 전체나 지역 차원에서 도시숲 운영의 수준을 높이기 위해 존재하는 유형으로, 미국 뉴욕 시의 도시공원재단이 대표적이다.
공동 개발자	민간 부문에서 사업성을 목적으로 도시숲을 조성하는 데 재정적인 기여를 하거나 운영관리하는 과정에 참여하는 유형이다.

뉴욕 시민의 쉼터로 되돌아왔고, 이와 함께 사람들의 발길이 다시 이어지면서 활기를 되찾게 되었다. 뉴욕 시는 이 경험을 바탕으로 시민참여 조직이 공원 운영에 얼마나 중요한 기여를 하는지 깨닫고 모든 공원에 이런 모임이 활성화되도록 지원하고 있다. 그런 노력 덕분에 2009년 현재 미국에 있는 1,800개 공원 중 800개의 공원에서 민간 파트너십 형태의 관리단을 중심으로 많은 시민단체가 협력하며 공원을 지켜가고 있다(표 3 참조).[80]

한편 영국에서는 세계적인 자연문화유산 보전단체인 내셔널 트러스트National Trust의 정신이 여러 도시공원에 영향을 미쳐 공원마다 트러스트라는 명칭의 단체가 활동하고 있다. 특히 1980년대 시작된 영국판 '마을만들기' 운동인 그라운드 워크 트러스트Ground Work Trust는 영국 정부가 직접 나서서 트러스트 사업을 일으킨 사례이다. 이 사업을 통해서 지역 녹화사업을 추진하는 한편, 시민의 관심을 이끌어내어 공동화되어가는 지역을 다시 살려내는 사회운동으로 확산시켰다. 지금은 영국 전역에 49개의 그라운드 워크 트러스트가 활동하고 있다.

숲과 공원을 사랑하는 일본인들은 일찍부터 지역의 숲을 스스로 지키는 다양한 공원 자원봉사에 활발히 참여했다. 1980-1990년대 자발적인 마을숲里山 가꾸기 운동이 지자체와 환경단체들에 의해 확산되기 시작했다. 이후 2000년대 초에는 무려 500개가 넘는 지자체와 환경단체가 주도적으로 마을숲 가꾸기 운동에 참여하는 등, 일본의 숲 경관을 만들어가고 있다.

한국과 일본, 그리고 미국과 영국, 독일 등의 많은 사례들이 말해주는 결론은 하나다. 환경문제만큼은 폐쇄적이고 하향명령식의 사회구조로는 해결되지 않는다는 것이다. 다시 말하면 오늘날 중국의 발목을 잡고 있는 환경문제는 사회주의에서 시장경제로 변모하는 과정에서 국민에게 한발 더 다가가 그들과 함께 만들어가는 미래형 파트너십을 통해 새로운 중국으로 나아가라고 요구하고 있는 것이다.

한국의 환경 거버넌스 모델 2: 울산 태화강 살리기와 정부의 역할

> 태화강에서 생산된 연어, 은어, 황어, 잉어, 붕어, 가물치, 메기, 장어, 모래무지, 모치, 새우, 지름쟁이, 꼬시락, 참게 등이고 들판의 어족은 미꾸라지, 논고동, 갈밭 게들이 있었다.… 태화강에 산란을 하기 위하여 바다에 살던 연어 떼가 오르기 시작하면 울산 사람들은 조각배를 만들어 타고는 예리한 창을 손에 들고 연어를 쫓는다. 낮에도 잡히지만 달 밝은 밤이 더욱 좋았다.… 수확이 좋을 때는 십여 마리씩 거뜬히 찔러서 조각배에 그득 싣고 온다.… 또 봄비가 살짝 내려 수위가 불어나면 바다에서 황어 떼들은 얼싸 좋다고 강물을 따라 치솟아 오른다. 이때가 되면 태화강 연안 마을에는 황어 풍년이 든다.[81]

울산의 도심을 가로지르는 태화강은 사시사철 수십 종의 어류들이 펄쩍펄쩍 뛰어오르고, 물고기를 먹이로 삼는 텃새, 철새들과 야

생동물들의 서식지이자 울산 사람들의 삶을 지탱해주는 풍요로운 수원이었다. 강의 길이 47.54킬로미터, 유역면적은 울산시 면적의 60퍼센트 이상을 자치하며, 울산시 인구 112만 명 중 60만 명이 태화강 유역에 거주하고 있다.

울산 생태계의 중심이었던 태화강은 울산의 급격한 산업화와 함께 급속도로 오염되었다. 한국 중공업의 심장부인 울산은 괄목할 만한 성공을 거두며 눈부신 성공을 거두었지만, 1급수였던 태화강의 수질은 인구 100만의 생활하수와 2,000여 개의 공장에서 그대로 쏟아내는 폐수, 주변의 축산단지 오수와 농업용수까지 더해져 한국 환경부가 제시하는 수질환경기준 최하위인 6급에도 미치지 못할 만큼 더러워졌다.

강의 자정능력은 오래전에 상실되었고 생태계는 절멸했고, 태화강은 울산의 하수구가 되었다. 악취 나고 시커먼 태화강은 누구도 돌보지 않았고, 2000년 여름, 숭어, 붕어를 비롯해 태화강에 서식하던 어종 1만 5,000여 마리가 폐사하여 하얗게 배를 드러내고 수면 위를 떠다니는 사건이 일어났다. 이 일을 통해 울산시는 환경오염의 심각성을 자각하고 본격적으로 태화강 살리기에 발 벗고 나섰다.

울산광역시는 수질개선을 위해 정책을 강력하게 시행했다. 강의 상하류에 하수처리장을 설치하여 생폐수를 철저하게 하수처리하기 시작했고, 강바닥에 수십 년간 퇴적된 오염된 흙을 파냈다. 2003년 태화강의 수질은 2급 수준으로 회복되었으며, 2007년 1급수까지 수질이 개선되는 기적 같은 일이 일어났다. 태화강이 1급수가 되었다는 것을 두 눈으로 확인시켜 주는 일도 속속 나타났다. 1급수 어종인

연어와 은어가 태화강으로 회귀했으며 청정수역에 사는 재첩이 강바닥에서 발견되었다. 2006년에는 천연기념물인 수달의 서식이 확인되었으며 환경부 국립생물자원관의 '겨울철 조류 동시 센서스' 결과, 태화강을 찾는 철새의 개체수는 전국에서 두 번째로 많았다. 2013년 울산시는 자체 모니터링을 통해 철새 39종 5만 8,000여 마리를 확인했다.[82]

농업용수로도 쓸 수 없을 만큼 죽어버린 태화강은 어떻게 부활한 것일까. 울산시의 태화강 수질개선사업은 한국의 대표적인 민관협력 성공사례로 손꼽힌다. 태화강 살리기 프로젝트는 크게 두 축으로 진행되었다. 수질개선사업과 생태계 살리기이다.

태화강의 수질개선사업은 1995년부터 지속적으로 추진된 사업으로 2013년 12월 기준으로 수질개선사업에 6,222억 원, 친수공간 조성에 2,632억 원이 투입되었다.[83]

울산시는 2004년 에코폴리스 울산선언, 2005년 태화강 마스터플랜을 수립하여 차근차근 한 단계씩 태화강 살리기를 실천했다. 수질개선사업은 울산시 공무원의 노력이 크게 작용했다. 시장은 태화강에서 멱을 감던 시절처럼 2005년 전국체전 때 조정과 카누 경기를 치르고 전국수영대회를 개최하겠다는 비전을 시민들과 공무원들과 공유했고, 10년이 넘는 장기 프로젝트를 끈기 있게 추진하였다. 담당 공무원들은 내부로의 접근이 어려운 배수터널을 직접 조사하여 문제를 해결하였다. 수질보전과 담당자가 2004년 11월 7킬로미터에 달하는 중구 우정고지 배수터널의 우수박스 내부를, 2005년 5월에는 8킬로미터에 달하는 남구 삼산배수장의 우수박스 내부를 직접 조사

하여 문제를 해결하였다.[84]

그러나 태화강은 울산광역시 단독으로 보전, 관리할 수 있는 강이 아니다. 울산시는 시청의 수질보전과·환경정책과·건설행정과·녹지공원과 등 여러 부서와 구·군청, 시민단체와 민간 기업들, 그리고 시민들과 연대하여 협력했다. 태화강을 둘러싼 지역의 거버넌스가 합심하자 환경부와 건설교통부 등 중앙정부에서도 예산과 지원을 보태기 시작했다.

태화강의 생태계를 상징하는 십리대밭과 태화들이 원형을 보전할 수 있게 된 것은 시민단체들의 활동 덕분이다. 태화강보전회를 중심으로 '태화들 한 평 사기 운동', 시민, 환경단체 등으로 구성된 '태화강 시민환경감시단' 조직, 기업체 89개, 민간단체 52개 등이 함께한 '1사 1하천 살리기 운동'과 같은 활동을 통해 태화강은 부활했다.

울산시의 태화강 수질개선사업 과정은 환경정화의 실질적 성과에서도 주목을 받았지만 공공정책갈등 해결에 있어서 성공적인 사례로 평가받고 있다.

한국도 지금의 중국처럼 급격한 산업화와 경제성장을 이루면서 환경갈등이 심각했다. 1960-1970년대 본격적으로 한국이 산업화의 길을 걷던 시기, 파괴되는 환경은 암묵적으로 경제적 이익을 위해 묵살되었다. 1980년대 들어 쌓이고 쌓인 환경문제들이 봇물처럼 터지기 시작했다. 참다 못한 지역민들과 피해자들이 불만을 표출하기 시작하며 오염을 유발한 업체들에게 피해보상을 요구했고, 정부에는 대책마련을 촉구했다. 1990년대부터 현재까지 환경갈등은 새로운 양상으로 전개되었다. 님비현상이 나타나기 시작했고, 중앙정부, 지자체, 기업과 시민단체, 언론과 지역주민들은 시민사회의 주체로서 환경에 대한 다양한 입장 차를 보이며 갈등 양상도 복잡해졌다.

환경갈등은 근본적으로 경제개발에 따른 환경자원의 희소성에 기인한다. 경제적 가치가 우선이냐, 미래세대와 자연이 우선이냐의 대립은 점점 이념적으로 전환된다.[85] 즉 기존의 가치체계와 대안적 가치가 충돌하는 양상으로 발전하며 지역사회 안에 내재된 여러 갈등들이 연쇄적으로 폭발할 수 있다. 그렇기 때문에 환경갈등은 초기에 봉합하는 것이 제일 현명하며, 태화강 사례의 협력적 거버넌스는 하나의 좋은 모델이라 할 수 있다. 채종헌(2012)은 태화강 관련자들과 인터뷰를 했을 때, 대다수의 사람들이 태화강 수질개선사업의 성공요인 중 하나로 '시장의 리더십'을 꼽은 점을 주목했다. '시장의 비전 및 공약, 시장의 정책의지와 전략, 시장의 소통의 리더십'[86] 아래서 공공, 민간, 기업이 대화-신뢰 구축-이해-성공이라는 순환작용을 이루었던 것이다.

이제 환경과 생태계, 산림과 자연을 보전하는 문제는 지구적인 이슈가 되었다. 이제 한국에서는 경제적 이익 때문에 환경보호가 2순위가 되는 것은 당연하다는 말을 하지 않는다. 환경을 보호해야 한다는 것은 시민사회에서는 상식이 되었으며 생태계 보전을 통해 지역민들은 자긍심을 고취하고 지역사회는 깨끗하고 수려한 자연을 관광자원으로 삼고 있다.

태화강의 삼호대숲은 전국 최대의 백로 및 까마귀 서식지로 많은 방문객들이 찾고 있다. 태화강은 2013년 환경부의 '전국 12대 생태관광지역'으로 지정되어 자연생태의 가치를 인정받았다. 무엇보다 120만 인구가 거주하는 도심 한가운데 있는 생태지라는 점에서 의의가 크다. 또한 울산 무제치늪(18만 4,000㎡)은 2007년 12월 20일 '람사르 습지'Ramsar wetlands로 등록돼 국제적 희귀 습지로서의 가치를 인정받았다.[87]

서울숲의 사례처럼 시민참여형 거버넌스가 선진국의 이상적인 환경 거버넌스 모델로 자주 언급되지만, 한국적인 상황에서는 태화강의 사례처럼 때로는 정부, 공공기관, 시장과 같은 지자체장의 직접적인 리더십이 주도하는 협력적 거버넌스가 효과를 거두기도 한다.

지난 2015년 12월 12일 오후 7시, 역사적인 파리 기후협약이 체결됐다. 이 협약은 1992년 유엔 기후변화협약이 체결된 이래 196개 당사국 모두에게 법적 구속력이 있는 보편적인 첫 기후협약이다. 이 협약은 국제사회가 현재의 기후변화 체제에서 지켜야 하는 약속들을 규정하고 있다. 기후변화에 관한 국제적 합의는 1997년 일본 교토에서 열린 회의에서 상당한 진전을 보았는데, 교토 의정서의 골자는 놀라운 속도로 성장일로를 달리고 있던 선진국들로 하여금 온실가스를 의무적으로 감축하도록 요구한 것이다. 그것은 온실가스 배출 당사자들에게 감축의 의무를 규정한 첫 번째 국제협약이자 유일한 강제수단이기도 했다.

하지만 사실 교토 의정서는 한계가 많았다. 당시 세계 최대 온실가스 배출국이었던 미국과 인도가 빠진 상태에서 이루어진 합의였다. 즉 전 세계 온실가스 배출량의 3/4에 대해서는 강제력이 없는 협약이었던 것이다. 그러던 중 한국을 비롯한 개발도상국의 경제가 빠르게 성장하면서 온실가스 배출의 주역으로 등장했다. 더 이상 선진국만의 온실가스 제한은 의미가 없는 시대가 됐다. 하지만 중국과 인도 등 개발도상국은 선진국과 동등한 수준의 온실가스 감축 기준에 반발했다. 이래저래 기후협약은 구속력을 점점 잃어갔다.

그러던 중 2011년 남아프리카공화국 더반에서 열린 제17차 기후변화협약 당사국 총회 때부터 분위기가 반전됐다. 당시 협상대표들은 2020년부터 선진국과 개도국 모두가 참가하는 기후변화협약 체제를 출범시키는 데 합의했다. 그 결과로 탄생한 것이 바로 파리 기후협약이다

파리 기후협약의 가장 큰 의미는 개발도상국과 선진국의 인식 차이를 좁힌 데 있다. 두 번째는 화석연료의 감축이다. 아니 퇴출이라고 말하는 것이 더 정확할 것이다. 이번 협약은 세기말인 2100년까지 지구 평균기온 상승을 산업화 시대 이전(1850-1900) 대비 2℃ 이하로 유지하는 것이 목표다. 그러려면 전 세계 온실가스 배출량을 2050년까지 2010년 대비 40-70퍼센트 줄여야 한다. 또한 21세기 후반부에는 화석연료의 완전 퇴출이 불가피하다.

협약 체결 한 달 전, 미국 오바마 대통령은 중국 시진핑 국가주석을 만나 기후변화 공동대응을 천명하면서 분위기를 긍정적으로 이끌었다. 미국과 중국의 공동선언은 유럽연합과 중국, 미국과 브라질, 프랑스와 중국 등 다양한 조합의 양자 간 공동선언을 가능케 했다.

세계 2위 경제대국이자 최대 탄소배출국인 중국은 파리 기후협약에 대해 '역사적인 성과'로 평가하며 환영했다. 중국은 국제사회와 협력하며 기후변화 문제에 자신의 역할을 다하겠다는 의지를 밝혔다.

필자는 작년 내내 중국을 몇 차례에 걸쳐 오갔다. 그중에 한 번은 갑작스런 혈관 이상으로 일주일 만에 급히 한국으로 돌아와야 하

는 일도 있었다. 평소 유산소운동을 즐겨하던 필자가 베이징을 뒤덮고 있는 독가스급 공기가 두려워 외출도 하지 않고 며칠 동안 방안에만 틀어박혀 있다가 생긴 일이었다.

베이징에서 언제쯤이면 마음 놓고 밖에 나가서 파란 하늘 아래 산책을 할 수 있을까. 남의 나라 하늘이 맑아지기를 바라는 뜬금없는 소망이 아니다. 스모겟돈이라 불리는 베이징의 환경재앙은 한반도에 사는 우리에게까지 엄청난 영향을 미치고 있다. 이번 봄에도 예외 없이 우리의 뇌세포와 심장까지 단숨에 들어갈 수 있는 초미세먼지로 가득한 황사가 한반도를 뒤덮었다. 해마다 강도를 더해가는 기관지와 폐 및 심장 질환에 시달리다 보면 봄날이 언제 가는 지도 모를 지경이다. 황사 때문에 봄을 잃어버리고 사는 게 벌써 10년이 넘었다.

황사가 없는 쾌청한 한국의 봄, 아마도 그런 봄이 오기까지 상당히 오랜 시간이 걸릴 것이다. 사실 이 책을 쓰기 전까지만 해도 나는 베이징 블루와 어린 시절에 누렸던 아름다운 한국의 봄을 다시 찾는 데 상당히 회의적이었다. 그저 베이징에서 살고 있는 나의 친구들을 생각하며 베이징 블루는 아니더라도 스모겟돈이라는 오명에서 벗어날 수 있기를 바라는 정도였다.

그러나 이 책을 쓰기 시작하면서 어쩌면 그것이 나의, 아니 등잔 밑이 어두운 우리 한국식 우려임을 깨닫게 되었다. 중국을 오래전부터 주시해온 수많은 해외 환경 전문가들과의 만남, 특히 최근에 잦아진 중국의 환경 전문가들과의 만남과 그들의 연구 성과를 통해서 나는 중국의 또 다른 면을 보게 되었다.

중국은 환경문제에 관심이 없었던 것이 아니었다. 그들은 우리가 환경보호라는 말조차 생소했던 1970년대 말에 이미 환경권을 헌법에 명시할 만큼 환경의 중요성을 알고 있었다. 그럼에도 불구하고 지난 40년간 그들은 환경문제에 있어서만큼은 수많은 시행착오를 거듭해왔다. 그 이유는 성장 중심의 경제정책이었다.

원래 중국인은 소박하고 조용한 삶을 중시하며 가족의 소중함을 알고 겸손과 검소함을 미덕으로 삼았던 이들이다. 그런데 그 오랜 삶의 방식을 버리고 경제성장을 위해 자연과 환경을 약탈하고 방치했다. 그 결과, 오염된 공기와 땅과 물은 수많은 사람들의 목숨을 앗아가는 재앙이 되어 되돌아왔다. 결국 그들은 자연을 외면한 경제성장은 아무것도 아닌 제로섬 게임임을 뼈저리게 깨달았다.

최근 중국은 매년 우리나라 일 년 예산과 맞먹는 막대한 돈을 쏟아부어가며 파괴된 토양과 오염된 물, 그리고 독가스로 변해버린 공기를 개선하기 위해 치열하게 노력하고 있다. 비록 그 성과는 아직 나타나지 않았지만 다행스럽게도 중국은 이 노력을 포기하지 않을 것이다. 파리 기후협약 또한 그들의 노력에 힘을 더해줄 것이다.

다행히 우리는 지금 중국과 가장 접근성이 높으며 성공의 경험이 많은 환경선진국 대열에 서 있다. 개발도상국의 경험이 있으며 활동하는 시장도 같다. 무엇보다 우리는 그들의 환경문제로부터 자유롭지 못하다. 우리의 환경을 지켜가는 것만큼은 아니더라도 그들과 함께 고민하며 우리의 경험을 나누어주는 것은 우리 미래의 환경을 안전하게 지켜가는 길이 될 것이다.

주

Part 1 대기오염, 대륙을 위협하다

1. 『동아일보』, 「베이징시민, '대기오염 탓에 공항마비 처음'… 200편 취소」(2015.12.26.)(http://news.naver.com/main/read.nhn?mode=LSD&mid=sec&sid1=104&oid=020&aid=0002921921); 『연합뉴스』, 「中 화이트 '스모그' 크리스마스… 베이징·톈진공항 이착륙 중단」(2015.12.25.)(http://news.naver.com/main/read.nhn?mode=LSD&mid=sec&sid1=104&oid=001&aid=0008076143).
2. http://www.mckinseychina.com/shanghai-air-pollution/.
3. 『한겨레』, 「베이징 스모그에 '콜록콜록' 패티 오스틴, 중국 공연 취소」(2013.10.20.)(http://news.naver.com/main/read.nhn?mode=LSD&mid=sec&sid1=104&oid=028&aid=0002206621).
4. *The Guardian*, "China's Toxic Air Pollution Resembles Nuclear Winter, Say Scientists" (Feb. 25, 2014) (http://www.theguardian.com/world/2014/feb/25/china-toxic-air-pollution-nuclear-winter-scientists).
5. *Financial Times*, "Smog Film Captivates Chinese Internet" (Mar. 2, 2015) (http://www.ft.com/intl/cms/s/0/de190a92-c0b0-11e4-876d-00144feab7de.html#axzz40ffH1HBx).
6. 석유방은 '석유'를 매개로 결성된 정치파벌을 뜻한다. '상하이방'(上海幇)이 지연, '태자당'(太子黨)이 혈연, '칭화방'(淸華幇)이 학연을 매개로 형성됐다면, '석유방'은 '석유'라는 특정 업계를 배경으로 결성됐다. 주로 석유 계통에서 근무한 인사들을 일컫는데, 대개 중국 3대 석유기업인 중국석유화공그룹(SINOPEC, 세계 4위), 중국석유천연가스그룹(CNPC, 세계 5위), 중국해양석유총공사(CNOOC, 세계 93위)에서의 경력을 가지고 있다. 석탄·가스 등 에너지 관련 부문에서 일한 인사들도 최근에는 '석유방'으로 통칭한다. 석유·가스·석탄 등 에너지 자원개발에서 나오는 막강한 이권을 바탕으로 정파를 형성한 점이 특징이다.
7. 다큐멘터리에 대한 상세한 내용은 위키피디아 홈페이지(https://en.wikipedia.org/

wiki/Under_the_Dome_film) 참조.

8. WHO's Global Burden of Disease Study (http://www.who.int/healthinfo/global_burden_disease/estimates/en/index2.html).
9. SBS, 〈中 대기 오염으로 1살 유아도 암 진단〉(2014.01.07.)(http://news.sbs.co.kr/news/endPage.do?news_id=N1002171861).
10. *South China Moring Post*, "Smog Blamed as Girl, 8, Becomes Youngest Lung Cancer Patient" (Nov. 05, 2013) (http://www.scmp.com/news/china/article/1347830/smog-blamed-girl-8-becomes-youngest-lung-cancer-patient).
11. www.nrdc.cn/coalcap/index.php/English/project_content/id/508.
12. 심창섭 외, 2013, 「동북아 지역의 대기관리를 위한 국제협력 기획연구」, 한국환경정책 · 평가연구원, 6-7.
13. 2012년에는 1,900만 대, 처음으로 2,000만 대를 돌파한 2013년에는 2,200만 대, 2014년에는 2,300만 대, 2015년에는 2,459만 대 판매 추산. 참고로 2015년 미국 차량 판매 대수는 1,740만 대, 유럽 전체 판매 대수는 1,420만 대였다.
14. Keith Crane and Zhimin Mao, 2015, *Costs of Selected Policies to Address Air Pollution in China*, Rand Corporation.
15. *The New York Times* "As China Roars, Pollution Reaches Deadly Extremes" (Aug. 26, 2007) (http://www.nytimes.com/2007/08/26/world/asia/26china.html?_r=0).
16. *Bloomberg*, "China Wakes Up to Its Environmental Catastrophe" (Mar. 14, 2014) (http://www.bloomberg.com/bw/articles/2014-03-13/china-wakes-up-to-its-environmental-catastrophe).
17. *China Dialogue*, "Why 2013 Was Another Year of Disappointment for the Environment in China" (Dec. 19, 2013) (https://www.chinadialogue.net/blog/6598-Why-2-13-was-another-year-of-disappointment-for-the-environment-in-China/en).
18. http://www.nber.org/papers/w18754.pdf.
19. *The New York Times*, "How Do You Keep Your Kids Healthy in Smog-choked China" (Apr. 16, 2015) (http://www.nytimes.com/2015/04/16/magazine/how-do-you-keep-your-kids-healthy-in-smog-choked-china).
20. http://www.hurun.net/en/articleshow.aspx?nid=262.

Part 2 베이징 스모겟돈과의 사투

21. *The Guardian*, "Chinese Struggle through 'Airpocalypse' Smog" (Feb. 16, 2013) (http://www.theguardian.com/world/2013/feb/16/chinese-struggle-through-airpocalypse-smog).
22. https://earthdata.nasa.gov/user-resources/sensing-our-planet/crazy-bad-air#-

sop-datable.
23. 『연합뉴스』, 「중국시민 '스모그 못 참겠다' 시장에 공개서한」(2014.11.24.)(http://news.naver.com/main/read.nhn?mode=LSD&mid=sec&sid1=104&oid=001&aid=0007263868).
24. 주 4의 언론 보도자료.
25. *Bloomberg*, "Chinese Anger over Pollution Becomes Main Cause of Social Unrest" (Mar. 07, 2013) (http://www.bloomberg.com/news/articles/2013-03-06/pollution-passes-land-grievances-as-main-spark-of-china-protests?utm_source=Sinocism+Newsletter&utm_campaign=34a0eba515-Sinocism03_07_13&utm_medium=email.).
26. *The Washington Post*, "In China's War on Bad Air, Government Decision to Release Data Gives Fresh Hope" (Feb. 2, 2014) (https://www.washingtonpost.com/world/in-chinas-war-on-bad-air-government-decision-to-release-data-gives-fresh-hope/2014/02/02/5e50c872-8745-11e3-a5bd-844629433ba3_story.html).
27. 주 25의 언론 보도자료.
28. 주 4의 언론 보도자료.
29. *Financial Times*, "Bronchial Set Seek Blue Sky Breathing in China" (Nov. 24, 2014) (http://www.ft.com/intl/cms/s/0/9a68bf4c-731f-11e4-907b-00144feabdc0.html#axzz41q7NDs9t).
30. 『주간조선』, 「毒스모그 덮친 베이징」(2013.02.18.)(https://weekly.chosun.com/client/news/viw.asp?ctcd=C02&nNewsNumb=002244100003).
31. http://news.xinhuanet.com/english/china/2012-06/05/c_131633044.htm.
32. *Los Angeles Times*, "U.S. Embassy Air Quality Data Undercut China's Own Assessments" (Oct. 29, 2011) (http://articles.latimes.com/2011/oct/29/world/la-fg-china-air-quality-20111030).
33. *Global Times*, "Masking the Pollution" (Oct. 12, 2011) (http://www.globaltimes.cn/content/678904.shtml).
34. 주 30의 언론 보도자료.
35. 위의 언론 보도자료.
36. *Global Post*, "How China Chokes Its Neighbors" (May 20, 2013) (http://www.globalpost.com/dispatch/news/regions/asia-pacific/china/130516/air-pollution).
37. *South China Morning Post*, "Japan, South Korea Concerned That China's Smog Will Affect Them" (Nov. 6, 2013) (http://www.scmp.com/news/china/article/1348605/japan-south-korea-concerned-chinas-smog-will-affect-them).
38. 조나단 와츠 저, 윤태경 역, 2011, 『중국 없는 세계』, 랜덤하우스코리아, 495.

Part 3 슈퍼 스모그와의 결별을 위하여

39. GOV.cn, "Green GDP Accounting Study Report 2004 Issued" (Sep. 11, 2006) (http://www.gov.cn/english/2006-09/11/content_384596.htm).
40. 위의 자료.
41. 주 15의 언론 보도자료.
42. 강택구 외, 2012,「중국의 對 아세안 환경협력 현황 분석」, 한국환경정책 · 평가연구원.
43. *Nature*, "Policy: Four Gaps in China's New Environmental Law" (Jan. 21, 2015) (http://www.nature.com/news/policy-four-gaps-in-china-s-new-environmental-law-1.16736).
44. SBS, 〈[취재파일] 세계에서 대기오염이 가장 심한 도시는 베이징?〉(2015.12.12.) (http://media.daum.net/breakingnews/newsview?newsid=20151212081505535).
45. Tce: 석탄의 열량 단위로, 석탄 1톤이 내는 열량을 환산한 것이다.
46. *RT*, "China to Slash Coal Consumption by 160mn tons in 5 Years" (Mar. 06, 2015) (https://www.rt.com/business/238301-china-energy-pollution-coal/).

Part 4 국제협력과 가능성

47. 『사이언스 타임즈』,「죽음의 먼지에 대한 역발상」(2013.04.15.)(http://www.sciencetimes.co.kr/?p=113666&cat=28&post_type=news&paged=201).
48. *Global Post*, "How China Chokes Its Neighbors" (May 20, 2013) (http://www.globalpost.com/dispatch/news/regions/asia-pacific/china/130516/air-pollution).
49. 주 37의 언론 보도자료.
50. 주 46의 언론 보도자료.
51. *The Daily Signal*, "Obama Just Got Punked by the Chinese: They Won't Honor New Climate Change Deal" (Nov. 23, 2014) (http://dailysignal.com/2014/11/23/obama-just-got-punked-chinese-wont-honor-new-climate-change-deal/).
52. *The Christian Science Monitor*, "How Western China Is Trying to Clean up Its Act" (Jul. 9, 2015) (http://www.csmonitor.com/Environment/2015/0709/How-Western-China-is-trying-to-clean-up-its-act).
53. *Earthtalk*, "Time to Engage China on Sustainability" (Jan. 28, 2014) (http://earthtalk.org/china_sustainability/).
54. *Los Angeles Times*, "U.S.-China Climate Change Agreement: What You Need to Know" (Nov. 13, 2014) (http://www.latimes.com/nation/nationnow/la-na-nn-story-so-far-china-climate-deal-20141112-story.html).
55. 위의 언론 보도자료.

56. 주 53의 언론 보도자료.

57. 위의 언론 보도자료; *Los Angeles Times*, "Obama, Chinese President Agree to Landmark Climate Deal" (Nov. 12, 2014) (http://www.latimes.com/world/asia/la-fg-obama-xi-climate-change-20141111-story.html).

58. 주 49의 언론 보도자료.

59. 주 57의 언론 보도자료.

60. 위의 언론 보도자료.

61. *Los Angeles Times*, "L.A. Will Host Chinese, U.S. Summit to Launch Carbon Emissions Cuts" (Nov. 21. 2014) (http://www.latimes.com/local/cityhall/la-me-garcetti-china-20141122-story.html).

62. 위의 언론 보도자료.

63. 주 46의 언론 보도자료.

64. The Institute of Energy Economics, Japan, 2014, "Asia/World Energy Outlook 2014-Analysis of Low-growth Scenarios for China and India and the Climate Change Issue" (http://eneken.ieej.or.jp/data/5752.pdf). KIET 해외산업정보에서 재인용(http://www.kiet.go.kr/servlet/isearch?mode=view&dataNo=56920).

65. *Bloomberg*, "China's Spending on Renewable Energy May Total 1.8 Trillion Yuan" (Jul. 30, 2013) (http://www.bloomberg.com/news/articles/2013-07-30/china-s-spending-on-renewable-energy-may-total-1-8-trillion-yuan).

66. *The Economist*, "The East is Grey" (Aug. 10, 2013) (http://www.economist.com/news/briefing/21583245-china-worlds-worst-polluter-largest-investor-green-energy-its-rise-will-have).

67. Bloomberg New Energy Finance, Apr. 10, 2015, "Global Trends in Clean Energy Investment" (http://about.bnef.com/content/uploads/sites/4/2015/04/BNEF_clean_energy_factpack_q1_2015.pdf).

Part 5 에코차이나를 위한 제언

68. Alex L. Wang, "The Search for Sustainable Legitimacy: Environmental Law and Bureaucracy in China", *Harvard Environmental Law Review*, Vol. 37, 367-440.

69. 신창타이(新常態, new normal): 고도 성장기를 지나 새로운 상태인 안정 성장 시대를 맞이하고 있다는 뜻의 중국식 표현. 중국에서 지속 가능한 성장을 위해서는 경제 구조를 새 상황에 맞게 개편해야 하며 이를 위해 고속 성장보다 중고속 성장을 받아들여야 한다는 의미로 사용되는 용어이다. 시진핑(習近平) 국가주석이 2014년 5월 허난(河南) 성에서 "중국 경제가 개혁개방 이후 30여 년간의 고도 성장기를 끝내고 새로운 시대로 이행하고 있다"고 말하면서 처음 사용되었다. 성장률은 예전에 못 미치지만 지속적인 성장을 이룰 수 있도록 경제성장의 패러다임을 바꾸겠다는 중국 정부

의 신경제 기조이다. 중국 경제는 과거 연 10% 내외 고속성장 시대에서 연 7-8% 안팎의 중고속 성장 시대에 진입했다고 진단했다. 한편, 중국 『인민일보』는 신창타이의 4대 특징으로 1) 중고속 성장, 2) 구조 변화, 3) 성장 동력 전환, 4) 불확실성 증대 등을 제시한 바 있다(네이버 지식백과, http://terms.naver.com/entry.nhn?docId=2838507&cid=43667&categoryId=43667).

70. 주 42의 글, 84-85.
71. 위의 글, 84-85.
72. 한상운, 2013, 「독일통일과정에서의 환경법제 통합과 시사점」, 『한국환경법학회』 35(2), 398-415.
73. 이광윤, 2009, 「프랑스 환경법전에 관한 연구」, 『환경법연구』 31(1), 227-253.
74. 전훈, 2011, 「프랑스에서의 환경민주주의」, 『환경법연구』 33(2), 389-406.
75. 신명훈, 2015, 「역사문화유산과 도시재생-독일 루르 지역 엠셔공원의 사례」, 『열상고전연구』 48, 102-105.
76. 위의 글, 112-113.
77. 위의 글, 113.
78. 위의 글, 109-111.
79. 신동호, 2006, 「해외 구 산업지역의 지역혁신정책에 대한 비교연구-독일 루르 지역과 프랑스 로렌 주의 거버넌스 구조를 중심으로」, 『지역연구』 22, 146.
80. 김완순 외, 2013, 『서울 그린 트러스트-시민과 함께 녹색도시 만들기』, 나무도시.
81. 김석보, 1979, 「울산유사」, 울산문화원. 황인석, 2006, 「건강한 생태하천으로 복원되는 태화강을 위하여」, 『하천과 문화』 2(1), 30-35에서 재인용.
82. 울산광역시 홈페이지, "태화강 부활 프로젝트"(http://www.ulsan.go.kr/taehwagang/Taehwagang-reprjct).
83. 울산광역시 홈페이지(http://www.ulsan.go.kr/).
84. 태화강보전회 홈페이지(http://www.taehwagang.or.kr/).
85. 채종헌 외, 2012, 「환경갈등해결을 위한 협력적 거버넌스 성공요인에 관한 연구」, 한국행정연구원, 18-19.
86. 위의 글, 136.
87. 주 84와 같은 곳.

김성일

서울대학교에서 임학과 환경조경학을 전공하고 미국 예일대 산림환경대학원에서 석사학위를, 텍사스 A&M 대학에서 박사학위를 받았다. 공원휴양, 생태관광, 보호지역, 산림탄소 등에 관한 교육과 연구를 수행하고 있다. 최근 연구논문으로 「국내외 자발적 탄소시장의 산림탄소사업 투자 및 수익배분 특성연구」(환경정책, 2015), 「백두대간 보호지역은 세계유산 등재를 위한 충분한 가치를 갖고 있는가?」(한국임학회지, 2015), 「북한 산림 황폐화에 대한 국내 신문의 보도특성과 정책적 함의」(환경정책, 2015) 등이 있으며, 주요 저서로 『공원휴양학』(2017), 『북한 산림, 한반도를 사막화하고 있다』(2014), *Ecotourism in ASEAN Countries: Opportunities and Challenges*(2013), *North Korea Reforestation: International Regime and Domestic Opportunities*(2012), 『솔루션 그린』(2011), 『REDD가 Hot한 7가지 이유』(2011) 등이 있다. 2009년부터 4년간 세계자연보전연맹(IUCN)의 본부이사와 세계보호지역위원회(WCPA) 아시아의장을 역임했으며, 같은 기간, 대통령 직속 녹색성장위원회 민간위원으로 활동했다. 현재 서울대학교 산림과학부 교수로 재직 중이며, 한국생태관광협회 회장으로 활동하고 있다.